秦州古树名木

QINZHOU GUSHU MINGMU

刘太平 主编

甘肃科学技术出版社

图书在版编目(CIP)数据

秦州古树名木 / 刘太平主编. — 兰州 :
甘肃科学技术出版社, 2022.9
ISBN 978-7-5424-2975-9

Ⅰ. ①秦… Ⅱ. ①刘… Ⅲ. ①树木-介绍-秦州
Ⅳ. ①S717.242.2

中国版本图书馆 CIP 数据核字(2022)第 154339 号

秦州古树名木
刘太平　主　编

责任编辑　杨丽丽
封面设计　丁召来

出　版　甘肃科学技术出版社
社　址　兰州市城关区曹家巷1号　730030
电　话　0931-2131576（编辑部）　0931-8773237（发行部）

发　行　甘肃科学技术出版社　　印　刷　天水日报博通彩印有限公司秦州公公司
开　本　787mm×1092mm　1/16　　印　张　24.5　　插页　2　　字　数　336千
版　次　2023年8月第1版
印　次　2023年8月第1版印刷
印　数　1~150
书　号　ISBN 978-7-5424-2975-9　　定　价　180.00元

《秦州古树名木》编委会

名誉主任：杨来成

主　　任：李春明

副 主 任：丁召来　徐金祥　徐元平

委　　员：刘太平　骆文军　张彦亭　赵宏斌　辛　恒

杨育国　赵四平　刘亚洲　刘明星　郭引强

马伟宏　白春雷　唐铭军　石　峰　钱猛虎

牛　栋　陈卫辉　陈　龙　郑亚明　刘金山

王国峰　徐汉龙　闫平娃　郑宝明　侯攻科

杜纪元　马国瑜　靳明东　胡龙龙　安永祥

任三强　李　锋　安　晨

主　　编：刘太平

副 主 编：骆文军

编　　辑：刘太平　骆文军　周吉祥　王一石　魏渤航

每木调查：刘太平　骆文军　高　嵩　马虽有　王卫东

王　刚

前 言

天水，因“天河注水”的传说而得名；秦州，是天水政治、经济、文化的中心，是中华民族的重要发祥地之一，在悠久的发展历史中，秦州是远古文明的肇始之地和中华民族传说中的“三皇之首”伏羲诞生地，以“羲皇故里”闻名天下。早在8000多年前，这里就有人类祖先活动。夏商之际为西戎地，居住着以放牧为主的邽戎、冀戎等部落。后来秦人西迁，进入西汉水流域。在西犬丘（秦城州西南）建西垂宫，并与西戎各族互有攻伐。公元前688年，秦战胜邽戎设邽县，是全国最早的县级建制之一。后邽县更名上邽，在区西南部置西县。286年，西晋复置秦州，州治由冀移镇上邽。从此，秦州做为州、郡、府治达1500多年。漫长的沧桑演变，给秦州留下了丰富的古迹、遗址，荟萃了灿烂的古代文化。

秦州区位于内陆腹地，介于北纬34°05’至34°40’与东经105°13’至106°01’之间，处在全国地理位置的中心区域。东、北与天水市北道区相邻，南连陇南通往川蜀，东接麦积区通达关中，西接甘谷为古丝绸之路，是连通河西之要道。秦州区是甘肃省天水市的政治、经济、文化中心，总面积2442平方千米，辖16个乡镇和7个街道。

秦州地跨黄河、长江两大流域。南为长江支流嘉陵江水系的西汉水流域，北为黄河支流渭河水系的耤河流域。西秦岭山脉横贯东西，是两大流域的分水岭。岭南为陇南山地，岭北属陇中黄土高原。全区属北暖温带大陆性气候，暖温带半湿润、半干旱气候的过渡带，以湿润和半湿润为主。秦州区海拔1500~2700m，气候湿润；中北部为陇西黄土高原，海拔1110~1700m，气候温暖。年均日照时数1911小时，年平均气温12.1℃，无霜期150~180天，年降水量322~810mm，蒸发量1280mm，平水年（P=50%）水资源总量为35118万立方米。土壤以褐土、红土、黑垆土等为主。秦州区自然环境适宜各种温带动植物生长，常见野生动物有麻雀、灰鸽、猫头鹰、锦鸡、杜鹃、家燕、画眉、喜鹊、啄木鸟、野兔、松鼠、青蛙、蟾蜍、壁虎、蛇、蚯蚓以及昆虫类蚂蚁、蝇、蜘蛛、蝗虫、蜻蜓、萤火虫等。森林覆盖率超过41%，乔木有华山松、油松、红松、白松、山杨、榛子、云杉、白榆等数十种，主要分布在南部天然林区，常见的乔木有刺槐、柳树、杨树等。灌木有沙棘、酸枣、枸杞、胡颓子、野樱桃、紫穗槐、爬山虎、虎榛子、珍珠梅等数十种，果树有苹果、桃、杏、李子、樱桃、梨等。秦州古树名木达20多种，年龄最长约2600年，且数量之繁多仅次扬州，位居全国第二。

2018—2022年，通过两次较详尽的调查，统计出全区共有古树名木（百年以上的树木和具有保护价值的珍稀树木）1225株，其中以群状分布生存的605株，散生620株，城区218株，乡村1007株；一级（500年以上）173株，二级（300~499年）309株，三级（100~299年）743株，千年以上古树名木共计25株（2018年统计数字）。

秦州区古树名木总体由林草部门建档管理，上报国家、省、市绿化委。挂牌保护工作，城区由住房和城乡建设部门挂牌管理保护，乡村由林业和草原部门挂牌管理保护。

古树名木是历史文化古老地区最有力的佐证，是“活文物”，秦州区古树名木之所以树龄大，数量多，与我们祖先和现代人的爱戴、敬仰、珍惜以及政府的重视是分不开的。天水市人大常委会于 2019 年 4 月颁布了首部法律文件《天水市古树名木保护条例》。

为了把天水市打造成名副其实的历史文化名城，进一步加大保护现存的古树名木及后备古树，是最实际、最有效的途径，近两三年市区人大常委会特别重视秦州区的古树名木保护工作，已调研和督察了 5 次。

2018—2019 年，天水市秦州区林草局积极配合市区人大，对秦州区玉泉观、南廓寺、皂郊镇贾家寺、太京镇庞家沟、籍口镇南灵村王家小庄、王家河、铁炉等村进行实地调研。为颁布《天水市古树名木保护条例(草案)》提供了可靠的依据。

条例颁布后，我们加大了对古树的管理和复壮工作。截至目前，城区的 218 株古树已经由秦州区城建部门完成了保护及复壮工作。近年来，乡村近 300 株古树名木由林草部门实施了保护及复壮工作。

本书收纳编入现调查到的 1225 株古树名木的部分图文。每一株古树名木的科、属、种及生物学特性在首次出现时做了重点介绍，重复出现不再介绍。

作者自 2002 年至今近 22 年的时间收集归纳整理编写了该书(其中骆文军参于编写城区篇、农村篇内容约 9 万字左右)。

编者

2022 年 2 月

目录

农村篇

大景区及重点单位

伏羲庙
南郭寺
玉泉观
李广墓
泰山庙

大景区包括:伏羲庙、南郭寺、玉泉观、李广墓、泰山庙五处,共有古树名木 116 株(该株数包含在城区数字统计范围中)。树种以侧柏、国槐为主。

一、伏 羲 庙

伏羲庙位于秦州区伏羲路中段，坐北朝南，北依天靖山，面对东台梁。现保存建筑群为明代建筑，伏羲庙也称三皇之首——伏羲氏太昊宫，俗称“人宗庙”，甘肃天水“太昊伏羲祭奠”是国家首批非物质文化遗产。庙内现存活古树30株(28株侧柏，2株国槐)。

(一)侧柏

侧柏〔学名：*Platycladus orientalis* (*L.*) *Franco*〕是裸子植物门、柏科侧柏属常绿乔木。树冠广卵形，小枝扁平，排列成一个平面。叶小，鳞片状，侧柏为中国特产，除青海、新疆外，全国均有分布。寿命很长，常有数百年甚至几千年以上古树。侧柏耐旱，常为阳坡造林树种，也是常见的庭园绿化树种，木材为上等的建筑和家具材料，叶和枝可入药，有收敛止血、利尿健胃、解毒散瘀的作用；种子有安神、滋补强壮之效。

伏羲庙全貌

该古柏群分布在天水伏羲庙建筑群四进四院中，最初为64株侧柏以八卦形式排列栽植，现存28株，平均树高20m，平均胸围350cm，平均年龄约850年。

天水民间相传，伏羲为中华民族的人文始祖，他无所不能、无所不会，所以一遇到什么事情，人们就想着找伏羲

伏羲庙钟楼前古柏

伏羲庙先天殿古柏

“求教”，相传伏羲的生日是农历正月十六，因此民间祭奠伏羲最隆重的就是这一天。人们在这一天赶庙会、唱戏、烧香、祭祀、施舍、在心里把许多话“告诉”伏羲，以求从他那里获得智慧，找到解决问题的办法。伏羲庙院里原有八八六十四棵柏树，传说是伏羲按八卦的演化顺序排列栽植的，每一棵树都能懂凡人之言，能解伏羲之意。民间按照天干地支（六十花甲子）的循环规律来排序，每一年都要选出一棵柏树，让它在庙院内“值班”，值班树就是伏羲的代表。正月十六日这一天，前来赶庙会的人中有求疾病康复者，需自带或在现场购买红纸人，把红纸人贴在值班树上，然后按自己哪里生病，就用艾草绳头或香头去点燃或艾灸那个部位，后来人多了就在任何一棵树上点、灸红纸人，为了

伏羲庙碑廊前古柏

防止红纸贴、烧在树皮上，对古树造成伤害，管理单位就提前在树干上围上竹帘，让求医者在竹帘上灸病。

公祭伏羲大典是每年的公历六月廿二日，每年这一天也是伏羲文化节的开始，天水伏羲庙是伏羲文化的重要物质载体，文物古柏群是伏羲庙悠久历史最有力的佐证和名片，伏羲庙已成为世界华人寻根祭祖的地方。

伏羲庙先天殿古柏

伏羲庙后院古柏

伏羲庙太极殿院古柏

伏羲庙仪门前院古柏

(二)国槐

伏羲庙大门口国槐

生长在伏羲庙正门口内东侧国槐，树龄约1300年，又称为唐槐。树高15m，地围675cm，冠幅11m，原主干干枯，树头新发6条侧枝，呈放射状。

二、南 郭 寺

南郭寺位于秦州城南慧音山坳，总面积 2 080 000 m^2。为国家级文物保护单位，4A 级景区。因地处城郊之南而得名，始建于南北朝。

景区内地形起伏多变，梁峁沟壑众多，山势奇特，植被丰富，风景优美；景区建筑依山而建，错落有致；造型优美，庄严肃穆，既是佛门古刹，更是先民遗留的文化瑰宝；古柏苍翠拂地，巨槐蔚然参天，“北流泉”甘甜清冽，四季不枯，千年不竭；“杜少陵祠”“二妙轩”“碑廊”“邓馆”“诗史堂”等独特的自然景观和人文景观相互映衬，文化教育、爱国教育、民俗观瞻、旅游观光、休闲娱乐为一体的综合景区。寺内共有古树名木 21 株。

南郭寺大门

(一)春秋古柏

侧柏(学名:*Platy cladus orientalis*)裸子植物,常绿乔木,高达20m,树冠广卵形,小枝扁平,排列成一个平面。叶小,鳞片状。侧柏为中国特产,除青海、新疆外,全国均有分布。侧柏耐旱,适应性强,是北方和西南常用的造林绿化的树种,材质优良,为上等家具、雕刻等用材。柏籽可入药。

春秋古柏生长在天水市区南山王家坪村与杜家坪村之间的南郭寺院内,故也称南山古柏,该树为一株三枝,其中一枝朝南倾斜,直向大殿,另两枝朝北倾斜,西北方向一株已枯死。在春秋古柏分叉处寄生了一株200年左右的小叶朴树。

春秋古柏为秦州八景之一,早在杜甫七十二首杂诗《北流泉》中写道"山头南郭寺,水号北流泉,老树空庭得,清渠一邑传……"中的老树即指这株古柏。李白在天水写的诗只有一首,即《南山诗》,诗中也有关于春秋古柏的描述:"自此风尘远,山高月夜寒。东泉澄彻底,西塔顶连天。佛座灯常灿,禅房花欲然。老僧三五众,古柏几千年"。

1987年,北京园林科学研究所专家通过C14测定春秋古柏的树龄为2300~2600年。南枝长28m,胸围346cm;北枝长26m,胸围340cm。

天水人对春秋古柏倾斜生长有一个民间传说,据说当时唐太宗李世民率军西征,打了胜仗后在天水南郭寺驻军休整。李世民的两员大将尉迟恭和秦琼,把马分别拴在了古柏的南北两枝上。这两匹马久经沙场,性情刚烈,因无人看管,使起野性来,一匹向南,一匹向北分别跳将起来,挣脱

春秋古柏南枝

春秋古柏北枝下的“雷锋树”

缰绳（同时也拉斜了古柏），分别向东西方向跑去，一匹跑到了现在的石马坪，这也是石马坪来历的传说；另一匹跑到了麦积区的“马跑泉”，由于口渴难耐，双蹄刨地，不一会儿出来了一眼泉水，此后该地称为马跑泉，这也是马跑泉地名的由来。

关于对春秋古柏的保护复壮有历史记录的共有 6 次。第一次为 1658 年，即清顺治十五年，以“建南山寺二西殿石纪事碑”支撑古柏向北倾斜的枝干。当时用石碑支撑树干，又刻字记载，经过 300 多年的生长，现树枝已将石碑部分包裹了起来。第二次是 1918 年，从镇原人慕秦祺（1875—1948）撰写的《新修天水南郭寺古柏围墙记》中可知，安徽合肥人率入师入蜀中途暂驻天水时，花七十块大洋，差杜家坪秀才杜焕翠等人用青砖砌了透孔围墙，既让人们能看到古树全貌，又阻挡人们过于亲近古柏对古柏造成损害，围墙至今保存完整。第三次是 1952 年，政府出资对向南倾斜的树干进行了砖柱支撑。第四次是 1988 年，在李锦林等 20 多位全国著名古树专家的指导下，首次对春秋古柏进行了复壮保护。第五次是 1996 年，在丁丙学、周法天、李吉定等南郭寺公园管理处同志的倡导下，天水铁塔厂出资完成了春秋古柏南向倾斜枝的铁塔垂吊固定保护工作。第六次就是 2000 年用水泥造了一株假树支撑在向北倾斜的古柏主干下。

北枝树包石状况

(二)将军槐

生长在南廓寺山门两侧,像两位将军一样把守在南廓寺门口,故称“将军槐”,树高 20m,胸围 600cm 和 570cm,冠幅 18m,年龄约 1150 年。也称唐槐。

春季南郭寺大门口的“将军槐”

夏季南郭寺大门口的“将军槐”

（三）小叶朴

小叶朴（学名：*Celtis bungeana Bl.*）是榆科朴属植物，落叶乔木。南山古树神奇之一就是这株小叶朴寄生在春秋古柏南北两枝分叉中间，树龄约 240 年，树高 6m，胸围 200cm，冠幅 7m，呈伞形，该树的生长与古柏成一体，互相起保护作用，树冠遮阳，降低了树基部土壤水分的蒸发量，根与根交错成一体，延长了古柏的生命。小叶朴也寄生吸收基部的营养。

春秋古柏树池及两枝中间寄生的小叶朴

（四）龙爪槐

龙爪槐（学名：*Sophora japonica f. pendula*）是豆科槐属落叶乔木。生长在大殿东北角，树龄约 300 年，树高 8m，胸围 180cm，冠幅 12m。该树生长在春秋古柏的东北方向。该株龙爪槐有三个奇特之处，首先是有许多枝条盘绕弯曲，从不同的角度看有不同的“龙”形，如群龙聚会、兴云布雨、腾云驾雾之态；其二就是主干上有一树瘤，形如鹿头，主干下为鹿足，树上枝条形如鹿角，面向大雄宝殿的释迦牟尼佛像，所以人们称之为“麋鹿拜佛”；其三就是“欢乐大象”之奇状，从另一个适当的角度看上去宛如一头大象，十分顽皮，它仰头向上，长长的鼻子朝向天空，形喷水状，很是神奇。

大殿东北角的龙爪槐

(五)卫矛

卫矛(拉丁文名:*Euonymus maackii Rupr*)卫矛科、卫矛属小乔木植物。树龄200年左右,树向西倾斜60°生长,在正殿院西北角。树高16m,胸围200cm,冠幅8m。天水地区的卫矛主要有两种,即栓翅卫矛和白杜(水银木)。以栓翅卫矛居多,均生长在林缘、林下或山坡、河流之中,枝条上有棱状凸起羽剑,以灌木居多。该株为本氏卫矛,多生长在南方,在北方生长且生长成乔木实属罕见。另一品种为白杜,也称丝棉木,以乔木居多,比如秦州区最大的一株卫矛(胸围315cm)在藉口镇湾合村大山自然村。

正殿院西北角的卫矛

(六)明朝古柏

寺院的西北角，树龄约500年，树高13m,胸围190cm,冠幅5m。

寺院西北角的侧柏

(七)侧柏群

平均树龄约200年,树高10m,胸围150cm,冠幅6m。大殿东侧1株,北流泉院前8株,共9株。

大殿院东侧柏

东院东侧柏

(八)红豆杉

红豆杉〔学名:*Taxus chinensis* (*Pilger*) *Rehd.*〕,是红豆杉科、红豆杉属裸子植物,常绿,树皮灰褐色,冬芽黄褐色,叶排列成两列,条形微弯或较直,上面深绿色,有光泽,下面淡绿色,有两条气孔带,雌雄异株,全身可提取紫杉醇,具有很高的药用价值。

该树为名木,树龄约 50 年,树高 5m,胸围 150cm,冠幅 6m。生长在碑廊西侧。

南郭寺碑廊前西侧红豆杉

红豆杉果

三、玉泉观古树

玉泉观位于秦州城北天靖山麓。因山上有一碧水盈盈、清甜透脑的玉泉和元代秦州教谕梁公弼建寺时吟有“卦山寺北郊，名山有玉泉”之佳句而得名。

玉泉观是著名的道教宫观之一，始建于 1206 年，占地面积 41 500m^2，海拔 1250~1280，现存建筑为明清时重建。观中的玉泉仙洞为秦州八景之一。玉泉观内共有古树 52 株。

玉泉观大门

(一)侧柏群

玉泉观内共有侧柏 38 株,平均树高 18m,平均胸围 400cm,平均年龄 900 年。

玉皇殿崖边侧柏

玉泉观顶东北角侧柏

作者向道人询问传说故事

玉泉洞前侧柏

圣母殿后侧柏

(二)崖柏群

生长在柏树崖及庙宇后崖,共6株,平均树龄900年,平均树高8m,平均胸围300cm。

玉泉观后崖侧柏

玉泉观后崖侧柏

柏树崖侧柏

柏树崖侧柏

柏树崖侧柏

神仙洞顶侧柏

苍圣殿崖边侧柏

(三)榆树群

榆树(白榆、家榆)(拉丁名:*Ulmus pumila*)榆科、榆属,落叶乔木。该榆树群4株,生长在玉泉观北界崖头,呈“一”字形排开,平均年龄200年,平均树高15m,平均胸围340cm。

玉泉观北界崖头榆树

（四）神仙手植柏

玉泉观神仙洞顶左侧有一古柏，其根外露，五条主根似龙爪“抓”在崖边。更神奇的是五条根分为前二后三，前两根直撑崖壁，后三根顺崖而上，相互缠绕，形似女子发辫，故也称辫柏。也像一条巨龙。

相传此树是元代初期由玉泉观（道长）梁志通有意将根系结辫生长而成的。原因是在神仙洞的对面崖边生长着一株形态似老虎的柏树，张一大口，双眼注视神仙洞，四爪撑地，有跃跃欲“跳”之感。人们都说该树不利于神仙洞中道人修仙，建议砍掉，梁道长说“好与坏，利于否，应顺其自然。既然对崖有‘虎树’，我可在此植一‘龙树’，成龙腾虎跃，相互扶持。”故有了后来的“龙争虎斗柏”。约在清朝初期，“虎树” 因山体塌方而死，只剩现在的“龙树”了。这就是神仙手植柏的来历。

玉泉观后崖手植柏全景

玉泉观后崖手植柏辫形根

(五)夫妻槐

在玉泉观最高处西北角生长着两株槐树,两树相距3~4m,北边的一株长出两枝,伸出呈抱住南株主干之势,南株向北倾斜生长,呈一对久别相逢的夫妻亲昵地拥抱之态,故称“夫妻槐”。树龄约350年,树高分别为13m和10m,胸围260cm,冠幅5m。现南株残存不到3m的主干;北枝由于积水,加之在山头不避风,早已濒危,在20世纪90年代已自然死亡。

该夫妻槐有一个悲惨的爱情故事。相传在明末,这里有个村庄(现在的上奄沟、砖窑村),住着一对恩爱的夫妻,男的叫李青,女的叫成瑶,他们继承祖业在这一带行医为生,丈夫以针灸技术而远近闻名,妻子在家帮助炮制药品且料理家务,日子过得十分甜蜜。

玉泉观最高处西北角夫妻槐

当时秦州城外驻扎着一股军队,军中有一位头目患有一病为疝气,犯病时痛苦难忍。他们打听到李青是当地名医,就请李青去扎针治疗,十分有效,之后每次犯病时就请李青前去治疗,后来军队要转移,头目就以治病为由哄骗李青前往驻地,并将其带走还派士兵看守,李青无法脱身,只能在千里之外当随军军医,寻找机会逃走。

夫妻槐北株残留干

成瑶等了一整天不见丈夫回来,便去营房寻找,却只留下一片荒野,之后到处打听,一直没有丈夫的消息。她就每天站在高处眺望,等待丈夫回来,一天天、一月月、一年年,在这个地方的一块石头上留下了她的一双脚印,几年后,由于盼夫心切,心力交瘁而亡。村里人为了纪念她盼夫的心愿,就把成瑶埋葬在她常站的石头旁。

期间在异地他乡的李青也跑过几次,但还是被抓了回去,有一次,头目为了感谢李青为他治病,赏了李青一坛美酒,李青以身体不适为由假装休息,看守就把一坛酒喝完了,都已醉倒,李青乘机利用早已藏好的绳索从后崖逃走,他边问路边讨饭,择小道而行,风餐露宿、日夜奔走,走了很久才回到家中。

他打开房门一看,屋内空无一人,大声呼喊妻子的名字,招来邻里,告诉他半年前妻子已离世,也讲述了妻子每天在村头石头上张望盼夫的情景，他激动万分、痛苦欲绝，口喊一声“成瑶，等等我”，一头撞在了那块石头上，当场气绝身亡。人们为了纪念这对恩爱夫妻，就把李青与成瑶合葬到了一起。

几年以后，就在埋着李青夫妇的地方，分别长出了两株槐树，随着小树长大，呈现出了双枝拥抱的姿态，人们都说这两株树是李青夫妇变的。数百年来，“夫妻槐”的故事流传至今。

（六）七十三台阶迎客槐

迎客槐生长在七十三台阶中间左侧，其中一枝向东南方向生长，仿佛伸手迎接四方来客。树主干中有一个空洞，不知谁在其中放了一块石头，经过槐树多年的生长已将石头包裹在树干中，很多游客觉得神奇就用手触摸，致使现在石头表面特别光滑。树龄约 300 年，树高 13m，胸围 290cm，冠幅 10m。

树包石状

七十三台阶迎客槐

道院皂荚

（七）皂荚

皂荚（学名：*Gleditsia sinensis Lam.*）是豆科皂荚属落叶乔木或小乔木。树枝灰色至深褐色，枝干上长粗刺。叶为一回羽状复叶，边缘具细锯齿，上面被短柔毛。总状花序，荚果带状，可代肥皂之用，种子多颗，棕色，光亮。荚、粒、刺均可入药。

该树生长在道院中，树龄约 300 年，树高 10m，胸围 105cm，冠幅 6m。

四、李广墓古柏群

李广墓位于天水市秦州区玉泉镇石码坪村，为汉将军李广衣冠冢，葬宝剑衣物。天水市西关城的“飞将巷”，为李广的故里，至今有李氏后裔居住。李广（公元前186—公元前119），陇西成纪人（今甘肃秦安人），生于天水，西汉名将。

李广墓最早建于何时已无记载，但可按现存古柏及碑文推测，至少有300多年的历史。墓前有清乾隆己未年间重建“汉将军李广墓”石碑一块。墓前还有石兽石马，为汉代风格石雕骏马，造型粗犷，风格古朴，但现已磨损残缺，略具形式了，石马坪也因此而得名。墓前立有高达6m的碑塔一座，即“汉将军李广之墓”石刻。

墓院共有侧柏8株，形成一个古柏群，树龄300年左右，平均树高15m，平均胸围130cm。

李广衣冠冢墓碑

李广墓前院侧柏

李广墓院内侧柏

五、泰 山 庙

秦州城泰山庙坐落在城北天靖山山麓最东头，始建于元代初期，因受地震等自然灾害的侵袭和损毁，在清顺治十五年、光绪戊申年及21世纪均有重修和扩建。

泰山庙院内侧柏

在泰山庙院内东侧生长一株侧柏（编号218号），树龄700年，一级古树，树高18m，胸围280cm，冠幅13m。黛色苍皮，冲殿而出，凛凛然如虬龙腾空向东而去，似有没入东岳泰山之意，令人生出无限遐想。重建前，该树曾生长在泰山庙大殿内。

在人民路小学内的一个院落，存留建筑称为泰山庙行宫，由清代出身三等侍卫，分镇陕西河州镇属直隶秦州副府加一级张思禄、秦州营功加都间府官中军万事加一级张凤所建。

庙门口百年古柏4株（古树群），该处共有古树5株。

城区篇

天水郡 石马坪 七里墩 东关 大城 中城 西关

秦州城区：分为 7 个街道办事处，古时为五城相连（伏羲城、西关城、中城、大城、东关城）。共有古树名木 218 株。

伏羲城，又名小西关城，俗称小街，双桥至坚家河一带。

西关城，解放路两边一带，人称西关里。

中城，罗峪河一带，原先罗峪河从城壕经过（左家场→绿色市场→城壕大众路→进入藉河）。

大城，民主路一带，也称州城。

东关城，建设路一带，当时称雄武城，最早为唐朝所建。

一、西关街道

西关：秦州城西，东起大同路，西至嬴池大桥（耤河大桥），民国时期称西关镇公所，中华人民共和国成立后曾称西关区人民政府和西关管理局，主要包括解放路、坚家河、育生巷、三新巷、务农巷、自由路等。共有古树名木 20 株。

西关牌坊

(一)伏羲路

由于伏羲庙的存在而得名。主要古树分布在伏羲庙、士言巷(两棵已死)、枣园巷和伏羲路。

1.伏羲路西门国槐(编号124号),生长在伏羲路西牌坊门口前,树龄500年,一级古树,树高21m,胸围430cm,冠幅23m。

伏羲庙西门国槐

2.士言巷国槐,现存2株,都已干枯,该巷有任其昌故居,任其昌(1830—1900)字士言,是晚清享誉陇上的著名学者、诗人、教育家,被尊称为陇南文宗、一代名儒,曾任陇南书院"山长",曾为拯救发展陇南、天水文化教育事业作出了突出贡献,甘肃秦州(今天水市秦州区秦岭镇任家大庄)人,后移居秦州伏羲路南巷子(今士言巷),为了纪念这位晚清教育家,民国三十年,当时政府将任其昌故居西关南巷子改名为"士言巷",沿用至今。

士言巷巷道内国槐

3.枣园巷古树群。枣园巷位于天水伏羲庙西侧伏羲路北，与枣园巷小学紧邻，巷内马家宅院和孟家宅院比较出名。分布古槐树 4 株，平均树高 16m，平均胸围 200cm，平均树龄 200 年，其最大一株胸围约 550cm，树龄约 800 年。

枣园巷巷道内最大国槐

枣园巷巷道内国槐

(二)西关古城

西关古城东起大同路、澄源巷，西至双桥路,南至永庆东路,北至成纪大道。

1.解放路董家巷

国槐(编号115号)生长在解放路董家巷4号，树龄550年,一级古树,树高21m,胸围430cm,冠幅23m。

交通巷改建所拍董家巷国槐(2022)

董家巷4号院前国槐(2018)

2.解放路厚生巷

国槐（编号91号)生长在解放路厚生巷社区门口,现为古城通道，树龄800年,一级古树，树高18m,胸围550cm,冠幅16m。

原厚生巷国槐主干

西关古城西头国槐(原厚生巷)

自由路牌坊

3.自由路

自由路最早称后街里，从重新街口至三星巷的陡坡下、交通巷口，交通巷北口正对艺校，紧临秦州剧院。该路东头有一名校为“解一小学”，原正门开在解放路（前街），故称“解一”，现在正门建在自由路，早在清光绪三十二年（1906年）乡绅陕西渭南知县张世英捐资兴办敦本小学堂，后改为亦渭小学，中华人民共和国成立后更名为天水市解放路第一小学（简称解一小学），为天水市城区建校历史最为悠久的一所小学。解一小学隔壁还有保存最完好的明清古院落一处，即汪氏民居。

汪氏民居后院

在自由路与交通巷的相交处艺校（现在的秦州剧院）西侧，是清道光庚戌举人、五品议叙县丞职张登甲的宅院。艺校东侧自由路18号（何家大院），作者在1979—1990年生活在该院前院东房。该院一进三院，前院和中院间有一花园，当时任天水市委（天水地区天水市）书记陆宏德建有一层的套间住宅。张甲成（曾任政府办主任）曾住在中院，前院西房就是何家后代何毅。20世纪90年代末该院拆除，建成了现在的地税局办公住宅楼。

张登甲宅院

国槐（编号111号）生长在自由路49号门前，树龄600年，一级古树，树高20m，胸围410cm，冠幅20m。

自由路49号前国槐（旧照）

自由路49号前国槐

4.三星巷

三星巷在宋代叫石头巷，是由于秦州城的石头都集中在葛家崖，随后这里的巷道甚至院落都用石头砌筑，故称石头巷。由于该巷内有两株大槐树，也称双槐巷。到了民国三十一年，实业家荣毅仁先生在秦州西关的石头巷建起了荣氏面粉厂，后来为了纪念荣氏三大企业字号茂新、福新、申新，就把石头巷改为“三新巷”，“新”误写为“星”，于是有了今天的“三星巷”。

清末武进士赵子培的主房院就在该巷内，是一处较大的古建群，为清代—民国时期建筑。三星巷东西南北区域为天水市西关古城（一期）保护抢救与修复项目，起止时间为2016—2021年。二、三期主要为解放路以南古民居。

三星巷陡坡国槐（旧照）

（1）国槐（编号95号），生长在三星巷陡坡下转角处，树龄900年，一级古树，树高18m，胸围470cm，冠幅14m。

三星巷陡坡国槐

（2）国槐（编号96号），生长在三星巷后转弯处，现为古城小广场，树龄700年，一级古树，树高20m，胸围465cm，冠幅17m。

三星巷后转弯国槐(旧照)

古城小广场国槐

(三)育生巷

育生巷在秦州城西关解放路南侧,元末,明举人西厢张氏第一世张哲居住宅建在此巷道,此巷便名张家巷。清同治年间,张氏入秦18世平三公张登阶,捐资修伏羲城、筹军饷平叛有功,遂改名为三阳巷(张登阶号三阳公)。光绪年间,张登阶以二郎神最大为由,改名为二郎巷。民国三十年(1941年),经天水绅士敬议,取张世英先生字为巷名(张世英字育生),从此这条巷便叫育生巷。

张世英字育生,光绪六年(1880年)进士,初任翰林院庶吉士,历任陕西吉尔、渭南、凤县、扶风、凤翔知县和商州、西宁府知府、甘肃军政总务长、民国甘肃省税务厅厅长。

1.银杏(学名:*Ginkgo biloba L.*)为银杏科、银杏属落叶乔木。属裸子植物,幼树树皮淡灰褐色,浅纵裂,叶扇形,基部楔形,淡绿色或绿色,秋季落叶前变黄,种子椭圆形,肉质外种皮有臭味,中种皮白色,内种皮黄褐色,胚乳肉质,味甜略苦,称白果,银杏叶片可制成银杏茶,还可入药。

该两株古银杏树生长在育生巷42号张氏院内,前院一株,后院一株,平均树高17m,平均胸围200cm,平均树龄约150年,为三级古树。在秦州境内为最大的银杏树,该院为文物保护院落,从中华人民共和国成立后由市商委等单位办公,现为秦州区文化馆。

育生巷 42 号院银杏古树全景

育生巷 42 号院前院银杏

育生巷 42 号院前院银杏

育生巷 42 号院后院银杏

银合果枝

2. 木本绣球（学名：*Viburnum macrocephalum Fortune*），忍冬科荚蒾属，共有 3 个变种，琼花、绣球荚蒾（原变型）和毛琼花。都为园艺种，落叶或半常绿灌木，高达 4m。枝广展，树冠半球形。芽、幼枝、叶柄均被灰白或黄白色星状毛。冬芽裸露。单叶对生，卵形或椭圆形，端钝，基部圆形，缘有细锯齿，下面疏生星状毛。4~5 月开大型球状花，聚伞花序，白色。不结实。

该株木本绣球，花白色，丛生，树龄近百年，为名木，生长在后院门前。

（四）解放路古槐

这两棵古槐原来生长在解放路北侧人行道上，在 20 世纪 90 年代由于拓宽马路使得古槐位于马路正中。

育生巷 42 号院后院门前木本绣球

1.国槐(编号 123 号),生长在解放路正中(幼儿园对面),树龄 400 年,二级古树,树高 15m,胸围 330cm,冠幅 12m。

2.国槐(编号 122 号),生长在解放路马路中间(解放幼儿园对面马路中间树池中),树龄 400 年,二级古树,树高 22m,胸围 330cm,冠幅 17m。

解放路幼儿园对面国槐(旧照)

春季解放路幼儿园对面国槐(马路中间)

冬季解放路幼儿园对面国槐(马路中间)

(五)坚家河

国槐(编号 231 号),小地名家庙门口,树龄 400 年,树高 20m,胸围 360cm,冠幅 20m。

家庙门口国槐(旧照)主干

家庙门口国槐树冠

(六)杨家楼

早在 20 世纪八九十年代以前,东起林家巷至陡坡下统称为杨家楼,原为一进三院,现存为东宅院,为杨名显(1603—1653)(明初随銮驾护卫封千户侯,后为秦州卫)后裔住宅。中华人民共和国成立后由王子玉(天水武术界名人)居住至 2000 年,现居住户为韩姓与张姓两户。后开发建成了“宝泰花园”“阳光花园”,在阳光花园的楼间,保留该四合院为杨家楼遗迹,明清建筑,保留较完整,院中有一株牡丹很是珍贵。

作者修剪紫斑牡丹

紫斑牡丹(学名:*Paeonia suffruticosa Andrews*)芍药科、芍药属,多年生落叶小灌木。为比较珍稀品种,重瓣,花瓣外面为红色,花瓣基部为紫色,所以称紫斑牡丹,该株既是古树又为名木,树龄 100 年左右。

紫斑牡丹春末

紫斑牡丹开花状

（七）陕山会馆

陕西会馆位于秦州区西关解放路与大同路相交处，现有建筑三进两院，坐北朝南，包括砖雕的门楼、前殿和后殿，创建于民国十八年（1929 年），民国时期，由于秦州是关陇古道的必经之地，晋陕等地

陕西会馆大门

商队汇集秦州，形成了“一馆连六省”的商贸格局，秦州成为名扬西北的旱码头。抗战时期大批晋陕中小工商业来到秦州经营生存，就建了陕西会馆，门口保留的两株近百年的苦楝（川连子）为古树名木，平均高 6m，平均胸围 120cm，平均冠幅 5m，树龄约 100 年。苦楝，楝科楝属落叶乔木，叶为 2~3 回奇数羽状复叶，小叶对生，圆锥花序，核果球形，内果皮木质，种子椭圆形，花、叶、果、根皮均可入药。

山西会馆与陕西会馆紧邻，只隔一墙（现在连通），坐西朝东。

山西会馆大门

（八）忠义巷

1.聂家大院 46 号院内圆柏，为名木，树龄近 60 年，树高 20m，圆锥形，冠幅 3m×3m。该院为聂家大院四合院落，圆柏生长在走后花园的通道，南房西侧。

46 号院大门

46 号院内圆柏

2.国槐(编号93号),生长在忠义巷57号(原解二小学斜对面)门口,树龄800年,一级古树,树高12m,胸围475cm,冠幅11m。

生长在忠义巷57号门前的国槐

3.侧柏(编号 221 号),生长在关爷庙(曾被天水市秦州区解放路第二小学占用,于 2021 年初搬出)院内,树龄 300 年,二级古树,树高 15m,胸围 150cm,冠幅 12m。

关爷庙院内侧柏

二、中城街道

位于秦州城中部。共有古树 14 株。

(一)自治巷

1. 国槐（编号 127 号），这棵古槐生长在巷道正中间拐弯处，在自治巷 40 号门口，树龄 600 年，一级古树，树高 20m，胸围 300cm，冠幅 20m。

自治巷巷道正中间拐弯处国槐

2.国槐，生长在自治巷双槐树院门口，2 株，平均树龄 100 年，三级古树，树高 19m，胸围 150cm，冠幅 9m。

自治巷双槐树院门口国槐

(二)南明路后寨

后寨清真寺,位于秦州区南明路,后寨村边,是一组由中国土木结构建筑艺术建成的一座清代伊斯兰寺院。原寺在今天的兰天广场(南湖),清同治年间被拆,光绪二十六年(1900年)移建于此。寺内生长国槐2株。

清真寺背后国槐

南明路后寨18号院内国槐

国槐(编号703号)生长在南明路后寨18号院内,起初为后寨清真寺古树,后来由于清真寺重建时该树被留在寺的外面,树龄300年,二级古树,树高17m,胸围315cm,冠幅11m。

(三)重新街

国槐(编号130号)生长在重新街供电局门口,树龄400年,二级古树,树高13m,胸围360cm,冠幅13m。

重新街供电局对面国槐

（四）大众中路台子清真寺

台子清真寺，位于大众路中段，商业大厦南侧，自治巷社区亲睦里辖区。国槐生长在寺门外，2010年该寺扩建时将树纳入院内，南北各一株。

1.国槐（编号121号），生长在台子清真寺院北，树龄300年，二级古树，树高14m，胸围300cm，冠幅11m。

台子清真寺大门前国槐南株

台子清真寺大门前国槐北株

2.国槐（编号120号），生长在台子清真寺院南，树龄400年，二级古树，树高15m，胸围365cm，冠幅11m。

(五)澄源巷

澄源巷，该巷原来与林家巷(名中医人李蒲林老宅就在本巷3号院)、杨家楼连通，后被宝泰花园隔断，向北有一通向北城北(成纪大道)的巷道，叫皂角树巷道，据附近居民讲，该巷原来有一棵大皂荚树，在20世纪六七十年代被砍伐，该巷也因有大皂荚树而得名。延皂角树巷向北走，就是北城门，该处是20世纪七八十年代班车的临时车站。国槐(编号132号)生长在澄源巷19号大门口，树龄300年，二级古树，树高20m，胸围275cm，冠幅16m。说到该树要讲一讲该树周边的文化名人。

1.古槐东南紧连哈锐故居，为秦州保存较完好的明清建筑院落，现存中院和后院东西厢房及8间楼。哈锐，字蜕庵，回族，生于清代同治元年(1862年)，卒于民国二十一年(1932年)。光绪十八年壬辰科进士，清光绪翰林院庶吉士，曾任四川璧山、宜宾、乐山等县知县。天水民族工业先驱者之一，民国八年兴办炳兴火柴公司，业务逐年发展，跃居西北民营轻工业的最前列。

2. 古槐西侧为张庆麟故居，包括21、23、42号院，张庆麟(1818—1869年)字云卿，道光己酉科举人，咸丰十年庚申科进士，同治六年任河北省广平县知县。卒后封为文林郎诰封奉政大夫。

澄源巷19号门口国槐

三、大城街道

为秦州城中心，东起共和巷，西至大众路，南至藉河北岸，北至罗玉河。共有古树名木 41 株。

(一)瑞莲寺

瑞莲寺位于秦州区大城奋斗巷 27 号，始建于明万历三十九年(公元 1623 年)，俗称新寺。寺院最早为湖北江陵人向斗的私院，又称向家宅子，后被秦州知州买下改建为佛教寺院。相传有一天，寺院内一名叫“中虚”的和尚在炊饭快熟时，揭开锅盖一看，锅内生出一枝青莲，有花有叶甚是好看，于是知州贴出布告，命此寺为“瑞莲寺”。院内有 3 株古树。

1.国槐(编号 7 号)，生长在瑞莲寺门口东，树龄 1100 年，一级古树，树高 18m，胸围 520cm，冠幅 17m。主干 5m 处分三大枝，其中向南生长两枝已干枯不存在，只有北边一枝犹存。

瑞莲寺门口东国槐

2.国槐(编号 204 号)生长于门入口西边,树龄约 300 年,高 21m,胸围 380cm,冠幅 16m。树干通直,生长健壮。

瑞莲寺门口西国槐

瑞莲寺后院大殿西南角侧柏

3.侧柏(编号 205 号)生长在瑞莲寺后院大殿西南角, 树龄 350 年, 二级古树, 树高 14m,胸围 240cm,冠幅 12m。

(二)陇南书院

陇南旧有文昌书院,创建于清光绪二年(1876年)。同治十一年(1872年),原文昌书院(在今岷县)尽毁于兵火,后巡道驻秦州。同年董文涣分巡巩秦阶道,以兴建书院为己任,遂选定道署西边的丰裕仓(今秦城区政府)为书院院址,于光绪元年三月动工兴建,翌年五月竣工,正式定名为“陇南书院”。

光绪三十年,陇南书院改为甘南中学堂,三年后又易名为陇南中学堂。后几经易名,至1958年天水市二中迁出,陇南书院成为天水地区天水市、天水市秦州区政府办公地。2015年起部分单位搬出,开展维修,其原建筑及整体布局旧貌犹存。

1.院内分布古柏树群一个,共计5株,平均树高16m,平均胸围110cm,平均树龄150年。

区政府大门(陇南书院)

陇南书院后通道侧柏

陇南书院前通道侧柏

2.国槐，生长在后通道东，树龄300年，二级古树，树高13m，胸围230cm，冠幅4m。

陇南书院前通道东国槐

（三）文庙（孔庙）

天水文庙位于甘肃省天水市秦州区中华西路西北角，坐北朝南，为当地民众祭祀孔子的祠庙，也称孔庙，历史上把该街称为学士街，与向南箭场里街相邻也相对应，一文一武为研习文化和比武的场所。文庙是供师生祭祀先师和教授学者的圣贤之地，1985 年列入市级文物保护单位，始建于元大德六年（1302 年），并存有“德西之地”和“道贯古今”坊，西边存有旧石碑。经明、清、国民十四年（1925 年）及 20 世纪 60 年代共维修达 10 次。曾被中华西路小学占用过，至今保存的建筑与规模为 2004 年维修与整治后的面貌。文庙内有古树群两个，均见证了天水文庙的繁华和历史的悠久。

文庙大门

1.古槐群。5 株,平均树高 18m,平均胸围 300cm,平均树龄为 500 年。

(1)国槐(编号 99 号)生长在前院最西边,树龄 600 年,一级古树,树高 17m,胸围 430cm,冠幅 16m。

前院最西边国槐

(2)国槐(编号 213 号)生长在前院东角篱架东边,树龄 400 年,二级古树,树高 24m,胸围 470cm,冠幅 12m。

前院东角篱架东边国槐

(3)国槐(编号 208 号)生长在中院东篱架东北角,树龄 300 年,二级古树,树高 25m,胸围 260cm,冠幅 12m。

(4)国槐(编号 211 号)生长在大殿院前西侧,树龄 1000 年,一级古树,树高 18m,胸围 590cm,冠幅9m。

中院东篱架东北角国槐

大殿院前西侧国槐(最大株)

(5)国槐(编号 97 号)生长在大殿东侧,树龄 300 年,二级古树,树高 16m,胸围 260cm,冠幅 10m。

大殿东侧国槐

2.古柏群。由 4 株古侧柏树组成，平均树高 19m，平均胸围 300cm，平均树龄 600 年。其中还有一株侧柏年龄达 900 年。一级古树，树高 24m，胸围 200cm，冠幅 9m。

（1）侧柏（编号 18 号）生长在大院（中院）大殿东南角，树龄 900 年，一级古树，树高 30m，胸围 380cm，冠幅 15m。

中院大殿东南角侧柏

大殿东南角侧柏（原中西小学占用）

侧柏基部

前院东侧柏

（2）侧柏（编号 212 号）生长在前院东，树龄 500 年，一级古树，树高 20m，胸围 190cm，冠幅 15m。

（3）侧柏（编号 207 号）生长在大殿院内西边，树龄 500 年，一级古树，树高 24m，胸围 200cm，冠幅 9m。

大殿院内西边侧柏

（四）南北宅子

明代建筑，国家重点文物保护单位，位于民主路西端。南北宅子相隔民主路，正对面为北宅子，地下有通道将两院相连，统称胡氏民居，南宅子为按察副使胡来缙私宅，北宅子为胡来缙之子明太常寺少卿胡忻私宅。

1. 南宅子门口东侧有 2 株古槐。东株树高 18cm，胸围 370cm，树龄约 500 年，西株树高 20m，胸围 470cm，树龄约 700 年。由于有这 2 株古槐，民间也称此处为大槐树下。进门后有三进院落。

南宅子大门

北宅子大门

冬季南宅子门口国槐

春季南宅子门口国槐

2.南宅子院内名木

(1)连翘(拉丁学名:*Forsythia suspensa*)落叶灌木,是木樨科连翘属植物。

北宅子院内连翘

北宅子院内蜡梅

(2)蜡梅(拉丁文名:*Chimonanthus praecox* (*Linn.*) *Link*)蜡梅科、蜡梅属植物。

(3)凌霄〔拉丁文名:*Campsis grandiflora*(*Thunb.*) *Schum*〕紫葳科、凌霄属攀缘藤本植物。

北宅子院内凌霄

(五)贾家公馆

位于天水市秦州区砚房背后(奋斗巷东66号院),政法大楼迎宾楼背后。始建于清乾隆年间,为贾乐玺宅院,其孙贾缵绪,字宇清,秦州花南埠(今天水麦积)人,任四川西充知县、南充道台等职。民国六年(1917年)被派总办甘肃烟酒事务,曾任民国甘肃省教育厅厅长,"文革"期间贾家公馆为天水市房管局直管公房,2007年抢救维修,为省级文物保护单位。该巷邮电局门口一株毛泡桐已于2018年枯死,因存在安全隐患被伐。

贾家公馆大门口

邮电局门口一株毛泡桐

(六)中华西路古槐群

中华西路位于中心广场东,西邻文庙,东接青年南路,古称学士街,由西向东不规则分布5株国槐形成古槐群。平均树高18m,平均胸围450cm,平均年龄500年。

1.国槐(编号100号)生长在中华西路步行街西口,树龄600年,一级古树,树高22m,胸围533cm,冠幅18m。

中华西路步行街西口国槐

2.国槐(编号 101 号)生长在中华西路步行街西口,树龄 600 年,一级古树,树高 15m,胸围 440cm,冠幅 11m。

中华西路步行街国槐

步行街建成前旧照片

3.国槐(编号103 号)生长在交通银行前,树龄 600 年,一级古树,树高 18m,胸围 410cm,冠幅 14m。

步行街建成前旧照片

交通银行前国槐

4.国槐(编号104 号)生长在阳光饭店前,树龄 350 年,二级古树,树高 10m,胸围 260cm,冠幅 6m。

中华西路步行街阳光饭店前国槐

5.国槐（编号 105 号）生长在中华西路，树龄 500 年，二级古树，树高 18m，胸围 360cm，冠幅 14m。

中华西路步行街中段国槐

（七）中华东路

中华西路向东穿过青年南路就是中华东路，分布 2 株古树。

1.国槐（编号 117 号）生长在中华东路步行街，树龄 300 年，二级古树，树高 15m，胸围 270cm，冠幅 18m。

中华东路步行街国槐（初春）

中华东路步行街国槐（夏季）

2.皂荚(编号183号),生长在中华东路步行街口,树龄100年,三级古树,树高8m,胸围150cm,冠幅6m。

中华东路步行街皂荚及国槐(全景)

(八)进步巷古槐

进步巷之前叫南阮家巷,因阮籍的后代居住而得名,杜甫客居秦州,曾有会见阮隐士的诗作。秦州杂诗"阮籍行多兴,庞公隐不还"就是描写当时客居秦州时与阮隐士有关的诗句。

1. 国槐(编号9号)生长在中华东路东口与进步巷相连处,树龄900年,一级古树,树高18m,胸围550cm,冠幅14m。

进步巷国槐（中华东路东口与进步巷相连处）

2.国槐(编号 128 号)生长在秦苑小区门口,树龄 400 年,二级古树,树高 15m,胸围 345cm,冠幅 13m。

秦苑小区门口国槐

(九)城隍庙古树

天水城隍庙位于秦州区城中心大十字,百货大楼对面,也称纪信祠,据《秦州志》记载,城隍庙为成纪县衙所治,创建年月不祥,明朝初废县,改建为纪信祠。《史记·项羽本纪》中记述,秦汉相争的荥阳战役中,汉高祖刘邦被项羽所困,纪信假扮高祖盾出东门诈降诳项羽,得使刘邦遁出西门脱险,而纪信被项羽烧死,事后追封纪信为"忠烈将军",并为天水的城隍。庙前后院内分布两个古树群。

天水城隍庙全景

天水城隍庙大门

1.古槐群：该群由 4 株国槐树组成，平均树高 16m，平均胸围 400cm，平均树龄约 550 年左右。

(1)国槐(编号 110 号)生长在城隍庙前院东侧，树龄 500 年，一级古树，树高 18m，胸围 300cm，冠幅 15m。

城隍庙前院东国槐

(2)国槐(编号 109 号)生长在城隍庙前院西侧,树龄 600 年,一级古树,树高 15m,胸围 400cm,冠幅 13m。

城隍庙前院西国槐

(3)国槐(编号 11 号)生长在城隍庙东院走廊东侧,树龄 600 年,一级古树,树高 15m,胸围 400cm,冠幅 4m。

城隍庙东院走廊东国槐

(4)国槐(编号225号)生长在城隍庙中院,树龄500年,一级古树,树高16m,胸围350cm,冠幅15m。

城隍庙中院走廊国槐

2.古柏群:由 3 株古侧柏组成,平均树高 15m,平均胸围 200cm,平均树龄达 350 年。

城隍庙走廊西边侧柏

城隍庙大殿后侧柏

城隍庙大殿西侧侧柏

（十）青年北路皂荚树

青年南北路是秦州大十字与民主路呈十字垂直走向，古皂荚（编号 103 号）生长在青年北路 6 号院区委后门向北 10m 处，树高干 2.5m 处分生东两大小枝，树龄 400 年，二级古树，树高 18m，胸围 290cm，冠幅 13m。

青年北路中段皂荚

(十一)人民公园

20世纪80年代之前公园西北角紧连南湖(现为兰天城市广场)。南湖是明、清、民国时重要的湖泊,南湖是由罗玉河的老河道与藉河交汇处而形成的一片湿地,因地势较低,而由藉河罗峪河两水漫入而形成的。古时南湖范围很大,北接水月寺、官泉,西至后寨,东至现青年南路,南接耤河。由于柳树很多,所以称柳阴村。民国时,冯国瑞先生编写的《秦州记》中记载,南湖起始于唐宋时。

南湖北面紧连的官泉,在天水秦州城南,就是现在的兰天城市东北位置,是当时大城、北关乃至全城居民主要的饮用水源之一,泉水清澈晶亮、醇厚甘甜。该泉水供上万居民饮用,而且有不少人挑着泉水在四城叫卖,泉里流出的水形成小河,小孩子蹚水玩耍,河水供妇女洗衣服。

秦州公园东北端有一寺为水月寺,一进三院,坐北朝南,清康熙十六年(1677年)由光明巷移建于此。水月寺门口西有一树种为雪松,由原地委专员桐树苞亲自所植,为名木,树高25m,胸围150cm。树龄约40年。

桐树苞(1925—2018),原名仝树保。河南省登封县君召镇人,1942年9月在甘肃省庆阳县(陕甘产边区)参加工作,1946年入党,先后任教员、游击队队员、庆阳地委宣传部干部、甘肃省委组织部办公室主任、中共武山县委书记、天水县委书记、中共天水地委组织部部长、地委副书记、天水市人大常委会主任、第七届全国人大代表,1991年离休。

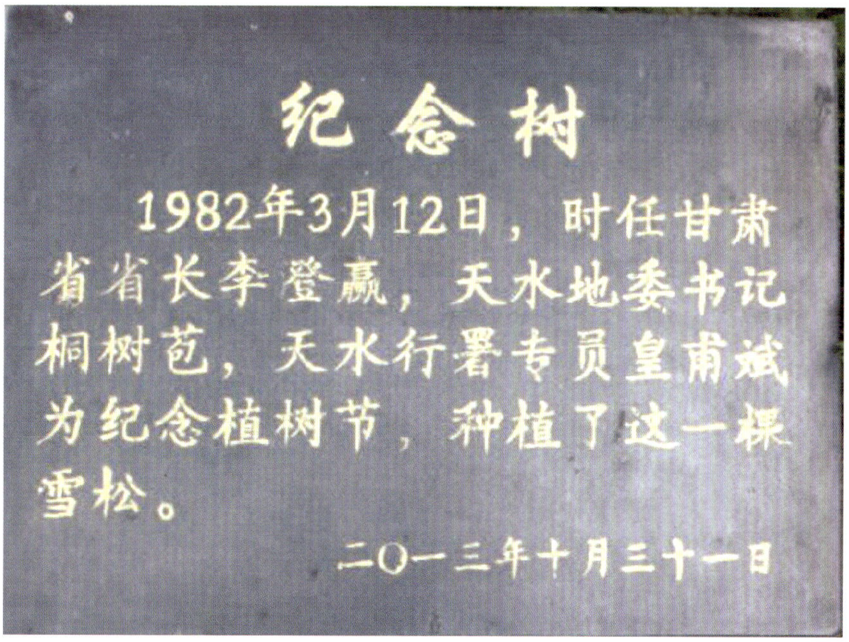

雪松(拉丁学名:*Juniperus virginiana*)松科、雪松属。

人民公园内雪松

四、东关街道

位于秦州城中东部，东至东桥头，西与共和巷接壤。共有古树名木 16 株。

东城墙遗址

(一)仁和里

1.国槐(编号 118 号)生长在仁和里 9 号,树龄 600 年,一级古树,树高 22m,胸围 400cm,冠幅 17m。

仁和里 9 号门前国槐

2.国槐(编号 119 号)生长在仁和里 16 号,树龄 500 年,一级古树,树高 18m,胸围 380cm,冠幅 16m。

仁和里 16 号门前国槐

(二)尚义巷

国槐(编号 129 号)生长在尚义巷金桥房前 4 号楼对面,树龄 400 年,二级古树,树高 20m,胸围 300cm,冠幅 13m。

尚义巷金桥房前国槐

(三)万寿宫

万寿宫原名庆祝宫，始建于康熙初年，原设在会福寺，是地方官员朝拜、接旨和仪典的地方。因寺院场所不符朝贺仪规，清道光十年在今址重建。万寿宫距今约三百四十余年，占地面积约 1909 平方米。《甘肃名胜词典》《天水县志》均有记载。万寿宫坐北朝南，布局对称。原有五门九间，东西朝房十二间。在大门的左右有两株古槐，后院一株较小，是见证万寿宫的活文物。辛亥革命后，这里是陇南法院所在地，中华人民共和国成立后先后是天水地区中级人民法院、天水专员公署所在地。20 世纪 60 年代后期，法院、公署相继搬出，以后逐渐变为居民大杂院。

1998 年 2 月，市政府文化工作现场办公会议决定将万寿宫及其周围区域划归市书画院使用。在市政府、市文化文物出版局、房管、城建等部门的大力支持下，搬迁住户，抢修大殿，开始了对万寿宫的维修、建设工作。1999 年 7 月，天水书画院正式搬入万寿宫办公。1981 年 12 月被天水市人民政府公布为“县级文物保护单位”。2004 年 10 月被天水市人民政府公布为“市级重点文物保护单位”。

万寿宫大门(旧照)

万寿宫大门

1.国槐(编号126号)生长在万寿宫大门西角,树龄400年,二级古树,树高26m,胸围360cm,冠幅21m。

万寿宫大门西角国槐

2.国槐(编号 125 号)生长在万寿宫大门东角,树龄 400 年,二级古树,树高 24m,胸围 320cm,冠幅 16m。

万寿宫大门东角国槐

(四)忠武巷

忠武巷也叫周家巷道，是由澄源巷和自由路的周氏家族迁居此地而称周家巷道，后来称忠武巷的原因是周氏家族中的周武学 1921 年参加新疆战斗牺牲，为纪念他，以忠武军命名而来。

1.国槐（编号 107 号）生长在忠武巷 11 号门前，树龄 650 年，一级古树，树高 18m，胸围 400cm，冠幅 27m。

忠武巷 11 号门前国槐

2.国槐，生长在忠武巷，树龄400年，二级古树，树高19m，胸围320cm，冠幅14m。

忠武巷巷道内国槐

3.白榆(编号 19 号),树龄 650 年,一级古树,树高 9m,胸围 560cm,冠幅 9m。

忠武巷巷道内白榆

4.紫丁香(学名:*Syringa oblata Lindl.*),木樨科、丁香属落叶灌木或小乔木。花紫色、白色或蓝色。枝叶对生,叶有苦味,单叶,全绿,具叶柄;伞花序排列成圆锥花序。是广泛的园林绿化树种,当地人俗称“龙柏”,为名木(编号274号),树龄近200年,位于忠武巷13号院内。由于花紫色称紫丁香。

忠武巷13号院内紫丁香花枝

忠武巷13号院内紫丁香主干

（五）市政府招待所

1.苦楝（学名：*Melia azedarach L.*）是楝科，楝属落叶乔木。名木，树龄约100年，市招待所院内北楼前，树高16m，胸围225cm，冠幅18m。

苦楝果

该树于2021年移植在西关古城西出口广场南侧，现高12m，胸围230cm，生长健壮。

原市政府招待所院内北楼前苦楝

苦楝现状

原市政府招待所院内北楼前苦楝

苦楝长势地远景

(六)合作北路(合作巷原名瓦窑巷)

1.国槐(编号 112 号),合作北路马路正中花坛,树龄 450 年,二级古树,树高 18m,胸围 370cm,冠幅 9m。

合作北路马路正中花坛国槐(南)

2.国槐（编号 113 号），生长在合作北路，树龄 300 年，二级古树，树高 25m，胸围 280cm，冠幅 15m。

合作北路国槐（中）

3.白榆(编号114号),生长在合作北路马路中间花坛,树龄300年,二级古树,树高20m,胸围385cm,冠幅16m。

合作北路马路中间花坛白榆(北)

五、七 里 墩

位于秦州城东部，东接麦积区花牛镇（原来的二十铺乡）曹家梗子村，西接东桥头，北至皇城路，南至藉河及玉泉镇城中村。共有古树名木9株。

1.孔繁锦手植榆，共计4株，平均树龄100年，平均树高17m，平均胸围275cm。为当时陇南镇守使孔繁锦所植，树龄近百年，既是古树又是名木，为一古榆树群，这4株古榆树生长虬曲苍劲、东西呼应、古意盎然，是天水造币厂百年沧桑的见证者。

造币厂古遗迹

孔繁锦是北洋军阀，也是天水近代工业文明的开拓者，1919 年孔繁锦驻防天水期间，在当时的皇城山下枣园村头（后来为岷山厂，现为岷山·万达公园旧址）创办了陇南机器局，开办造币厂，同时在天水创建电灯局、纺织厂、制革毛织公司等实业，开启了甘肃近代工业文明先河。

西边手植榆

东边手植榆

2.叶氏白杨群

叶氏杨树(学名:*Populus tomentosa*)为杨柳科、杨属落叶大乔木。叶氏杨树群属名木,共计5株,生长在龙王沟排水渠旁,黄河水利委员会水保站试验场内,南北走向,平均树年龄75年,平均树高18m,平均胸围105cm。

该杨树是叶培忠和吕本顺等人利用山杨、响叶杨杂交育种获得优于亲本的杂交后代,实验区职工为纪念其功绩,命名“叶氏白杨”。

叶培忠(1899—1978),江苏省江阴县人。南京金陵大学森林系毕业,曾在英国爱丁堡皇家植物园研习。1942—1948年在天水水土保持实验区工作,先后任技术员、营林股长、代主任、主任。此期间,在实验区推广种植草木樨,以增加土壤肥力,效果良好。并在吕二沟、龙王沟一带沟壑区大量种植,取得成功。1948年调离,先后任武汉大学、华中农学院、南京林业大学教授。

叶氏杨树群全景

叶氏杨树群近景

六、石 马 坪

石马坪街道办事处西与天水郡、东与七里墩接壤，北至耤河，南至南山。共有古树名木 1 株。

国槐，生长在石马坪东沟崖边（东团庄新开发小区西南边），树龄 150 年，三级古树，树高 12m，胸围 210cm，冠幅 6m。2020 年春从东团庄原村中移植于此。

原生长地

新移植地

移植后当年新发芽状

移植后第二年新叶状

2021 年移植后保护措施

七、天 水 郡

天水郡俗称天水井，位于秦州城区西南，东至石马坪，西南与玉泉镇接壤，北至藉河，百年国槐在拆迁之前就生长在天水郡嬴池路东卫校北侧巷道口，现保留在新开发世茂小区的小广场中。共有古树名木 1 株。

国槐，生长在天水郡世茂广场，树龄 100 年，三级古树，树高 13m，胸围 150cm，冠幅 8m。

天水郡世茂广场国槐

农村篇

玉泉镇
中梁镇
关子镇
藉口镇
太京镇
皂郊镇
平南镇
天水镇
华岐镇
秦岭镇
牡丹镇
杨家寺镇
汪川镇
大门镇
齐寿镇
娘娘坝镇

秦州区农村辖 16 乡镇，分别是玉泉、中梁、关子、藉口、太京、皂郊、平南、天水、华岐、秦岭、牡丹、杨家寺、汪川、大门、齐寿、娘娘坝镇。共有古树名木 1007 株，其中以藉口、皂郊最多。主要分布于村落、庙宇、山头梁峁等处。树种以侧柏、国槐、木梨、皂荚等为主。

一、玉 泉 镇

玉泉镇位于天水市秦州城郊。东接麦积区花牛镇，南邻皂郊镇，西连太京镇，北与中梁乡和麦积区原南河川乡毗邻。面积 106.3km^2，总人口 50324 人（2017）。辖 2 个居委会、30 个行政村。地势西北高东南低，平均海拔 1350m。国道 310 线、316 线过境。名胜古迹有玉泉观（玉泉仙洞系秦州八景之一）、香山寺、北五台、诸葛军垒、新石器时代齐家文化七里墩遗址等。

玉泉镇因有著名的玉泉观而得名，是由原来的吕二乡（因有吕二沟而得名，吕二沟应为女儿沟，以城南部分村为主）、环城乡（是由于环绕参差城区的以菜农为主的村庄组成）合并而来，除分布在南北两山的村庄外，其他都成了城中村，列入了城市规划范围。

该镇共有古树名木134 株。

（一）孙家坪村

1.柿子园：分布在碧桂园小区背后的北山，在上河与孙家坪两村的农业梯田地存活着百年以上的古柿子树，这是秦州区仅存的柿子树种保护资源之一，加之柿子在秋冬果实累累的风景独特，在区政府的指导下，区林草局从 2018 年至 2020 年，以古柿树群为依托，已栽植成品大盆景造型柿子树千余株，甜柿子新品种近万株，兴建完成了北山柿子园项目。

该柿子群主要分布在柿树地、大巷道、堡子下、公路周围等。共有 32 株，平均树高 9m，平均胸围 130cm，平均树龄 120 年。

北山柿子园挂牌保护

古柿树远景

柿树(*Diospyros kaki*),柿科柿属,落叶乔木,树皮裂成小方块,幼枝嫩叶密被褐黄色柔毛或绒毛,叶革质,卵状椭圆形,花白色,果圆卵形,扁球形。9~10 月成熟,为经济林树种,浆果可食,种子具胚乳,大而扁,树生长缓慢,木材坚硬,色深,为优良用材树种。

2.国槐(编号 704 号),生长在县月明家门口,树龄 300 年,二级古树,树高 10m,胸围 314cm,冠幅 10m。原主干 2m 处干枯,重新发枝,呈伞形。

县月明家门口国槐

3.丰泽园

圆柏(编号393号),生长在村背后的丰泽园,树龄500年,一级古树,树高20m,地围335cm,冠幅17m。从树基部不到1米处分生5个大枝干,呈放射状,大扇形。

丰泽园院内圆柏

4.北五台

北五台大门口国槐(2019年因自然灾害死亡)

门口国槐已由于滑坡不复存在。寺院内有 2 株百年侧柏生长旺盛。

(二)七里墩村

侧柏古树群，3 株生长在老坟院，现周围都建成了 2~3 层的自建房，平均树龄 300 年，二级古树，平均树高 13m，平均胸围 180cm，平均冠幅 6m。

老坟院侧柏

老坟院侧柏

(三)玉泉村

演法寺：位于秦州区玉泉镇张家窑村，三中背后的半山，寺院始建年代不详，其院内有 1 株百年侧柏，寺东墙外 1 株古槐 400 年，树高 10m，胸围 300cm，苍老古朴，西墙外有 1 株国槐健壮生长。

1.国槐(编号 230 号)生长在演法寺东侧张家窑 6 号，树龄 400 年，二级古树，树高 11m，胸围 310cm，冠幅 7m，树势较弱。

张家窑 6 号门口国槐

2.国槐(编号 894 号),生长在张家窑村,小地名:下家安庙院崖边,树龄 300 年,二级古树,树高 16m,胸围 260cm,冠幅 11m。

下家安庙院崖边国槐

3.北山月季园红豆杉

北山月季园从 2018 年开始修建,2021 年完成一期建设工程, 二期在建。在一期项目中,于 2021 年春从娘娘坝境内曲溪水库建设项目淹没区红豆杉移植3 株(树龄 100 年,为名木),至目前生长健壮。树高 3.5m,胸围 100cm,冠幅 2.5m,共 2 株。

北山月季园内红豆杉

北山月季园内红豆杉

（四）暖河湾村老君庙

老君庙位于天水市西南 3km 处，又称赤峪丹灶。创建于明代初，庙门（二门）屹立于 23 层台阶上，台阶西侧有古柏 1 株，北有倒柳，柳下有一石槽，相传为老君坐骑青牛饮水之用。再上为歇山顶式二门，两侧各植古柏 1 株，古柏为对称的月亮门。二门内为四合大院，正西是老君殿，所有建筑保存完整。

该处的古柏群共有古柏 3 株，平均树高 14m，平均胸围 120cm，由于该树生长于山崖，生长缓慢，通过年轮分析，树龄约为 300 年。

赤峪丹灶为秦州八景之一，杜甫曾在十二首杂诗中写道："圣今山色□嵯峨，故老相传为石磨，白雪黄芽因鼎得，丹光紫气与天摩。赤峰顶上因□降，天寒雪白鹤自过。几向斜阳□□迹，上存瓦砾下藤禾。"

这首诗就是描写老君庙向西的"眼泪罐罐"（石林），相传为老君炼丹之处。

老君庙大门

老君庙大门口侧柏

老君庙崖边侧柏 主干

老君庙崖边侧柏

眼泪罐罐——213 厂石林

(五)何庄

国槐(编号328号),生长在场边路边,树龄400年,二级古树,树高22m,胸围340cm,冠幅22m。

场边路边国槐(保护前)

场边路边国槐(保护后)

(六)半坡寨

1. 半坡寨两株侧柏生长在大路崖边，平均树龄200年，三级古树，树高12m，胸围130cm，冠幅6m。

半坡寨国槐(保护前)

半坡寨国槐(保护后)

2.国槐(编号 341 号),小地名场边(农会院),树龄 300 年,二级古树,树高 20m,胸围 295cm,冠幅 23m。

半坡寨场边国槐

(七)李官湾

李官湾村坐落在秦州城区南山上，距城区 10km 处，村旁有天水南山云端体育露营公园。

李官湾眺望秦州城南山地貌

1.国槐(编号 327 号)，小地名双槐树院，树龄 220 年，三级古树，现剩 1 株，树高 12m，胸围 250cm，冠幅 8m。

双槐树院前国槐(保护前)

双槐树院前国槐(保护后)

2.国槐(编号326号),当庄路边,树龄150年,三级古树,树高15m,胸围195cm,冠幅10m。

当庄路边国槐

（八）胡家堡村

国槐（编号 333），生长在庄南头园子，树龄 200 年，三级古树，树高 25m，胸围 204cm，冠幅 9m。

庄南头园子国槐挂牌

（九）东团庄西坡里

会应山上的这座庙被人们称为二龙王庙。相传二龙王姓南名霁云，是唐朝的一位将军，故而二龙王庙又称南将军祠。千百年来，天水人民对二龙王的敬重和尊崇，除了偶然的祈雨灵验外，主要还是定格于南霁云在睢阳保卫战中那些神勇忠烈的场景。

会应山大门

1.会应山玉兰树

该玉兰树是秦州区目前发现最大的一株，树龄 40 年，三级古树，树高 12m，胸围 90cm，冠幅 5m。生长在庙门口北侧。

玉兰（*Magnolia denudota*）是木兰科玉兰亚属植物，落叶乔木，树皮深灰色，老时粗糙开裂，冬芽及花梗密被淡灰黄色长绢毛，叶纸质宽倒卵形，长 10–18cm，宽 6–12cm，花为白色，圆柱形，聚合果圆柱形，种子斜卵形微扁。天水主要栽培品种为白玉兰、紫玉兰等，为上等园林树种。

会应山玉兰树

2.柿树群

该柿树群生长在东团庄西坡里村南沟畔，会应山东南方向下崖地，共计 14 株，树龄 200 年，树高 9m，胸围 13cm。

东团庄西坡里村柿树

（十）珍稀植物园——牡丹园

牡丹园坐落在莲亭村南山山腰。建于 2000 年，有 22 年历史，区域面积 1300 亩，共有珍稀植物近百种，是市民游玩锻炼的好去处。

2021 年秋季从甘肃省临洮县引进紫斑牡丹 8 个品种，为国内名贵珍稀品种，高秆型，丛生状，花形大，花色艳丽，花期长。其中有 9 株为百年以上古树名木，平均树龄 100 年，树高 3m，冠幅 4m。

紫斑牡丹（*Paeonia rockii*）是毛茛科竹药属植物，落叶灌木。

珍稀植物园——牡丹园

牡丹花

珍稀植物园——牡丹园

秦州区林草局工作人员查看牡丹生长状况

(十一)皇城周家山

皇城位于现在的皇城村堡子的位置,皇城村、皇城路、皇城堡等地名的来历都是由于天水曾出了一位地方割据势力隗嚣而得名。在西汉兴汉灭莽时。隗嚣镇守天水,被大家推举为上将军,隗嚣迫于形势建立割据政权,后称西州将军,为一方诸侯,统制陇右地区,现在的皇城堡就是他当时的皇宫位置,也称隗嚣宫。与皇城村相邻的周家山,与天水城东周家巷道的周家同为一周姓,民间有"先有周家人后有秦州城"的说法。

皇城遗址

1.国槐(编号 322 号),生长在皇城周家山周武根家门口,树龄 350 年,二级古树,树高 18m,胸围 290cm,冠幅 16m。

周武根家门前国槐

周武根家门前国槐主干

2.国槐(编号325号),生长在皇城周家山村委会广场靠近崖边,树龄300年,二级古树,树高19m,胸围228cm,冠幅17m。

国槐保护前

国槐保护后

（十二）闫新村

旱柳（拉丁名：*Salix matsudana*）为杨柳科、柳属乔木，落叶乔木，生长在河边水岸。旱柳（编号688号），生长于郊区交警大队门口，树龄150年，三级古树，树高15m，胸围260cm，冠幅12m。

郊区交警大队门口（原马家下头庄边）旱柳

二、中 梁 镇

中梁镇因中梁山而得名。民国时属而立镇马兰乡。中华人民共和国成立后归天水县第一区（玉泉区）罗玉乡管辖。1961年设中梁公社，1968年与罗玉公社合并，1971年划归天水市。1985年归秦城区。

中梁镇位于秦州区北部，东接玉泉镇，南邻太京镇，西与北道区凤凰乡接壤，北与北道区渭南乡毗邻，镇政府距秦州城区11km。境内海拔从东到西逐渐上升，山梁上比较平缓，现正兴建机场。省道定天公路横穿境内20km，交通便利。罗玉河从凤凰山发源流经境内。

中梁山，中梁镇主要辖区，位于秦州区罗峪河南，藉水之北，为黄土丘陵性山梁，主峰为麦积区的凤凰山，凤凰山古称邽山，也称乔岳，主峰1895m，由于传说"凤凰栖额处"，故称凤凰山，另有一说是由于山形"山之主峰，突起像凤头，两边山峦翩然翱翔若彩凤翅，故称凤凰山"，被称为秦州的"镇山"，农历三月二十八日举办凤凰山东岳文化庙会，该山延伸至秦州泰山庙，加上凤凰山、何家庙中的泰山庙、白家堡子秦州城泰山庙共三处。凤凰山东麓被罗峪河和年集沟切割成分支，南支为张家坪梁，东起太京镇川口村，西至太京镇唐家窑村为二中梁，中支为飞来山名为天靖山（秦州城北山），西端经凤凰山南麓，古称狼烟山，向东为凤凰窝，再向东为狗卧山（狗娃山），再向东为秦州城泰山庙，秦州城藉河川道这片有个传说就是"狗娃山的白雨（暴雨）恶得很"，其实灾害暴雨的发源地为凤凰山。

该镇共有古树名木43株。

（一）何家湾

何家湾是中梁镇所在地，国槐古树生长在该村何亚明家门口（7号院）。国槐（编号254号）树龄200年，三级古树，树高25m，胸围180cm，冠幅19m。

何亚明家门口国槐

（二）龙凤村（韩家湾）

侧柏群分布在龙凤山庙内外，共计 9 株，平均树龄 200 年，平均树高 18m，平均胸围 150cm。

龙凤山庙侧柏分布图

（三）杨家山村

1.黑爷庙侧柏古树群

黑爷庙坐落在中梁镇杨家山庄边，庙内外侧柏 4 株，平均树龄 200 年，平均树高 10m，平均胸围 150cm。

黑爷庙侧柏古树群

杨家山庄边侧柏

黑爷庙为一四合院布局，北向，由大门、钟楼阁、大殿及东西配殿组成，门匾和戏楼场石碑上的“天靖山”为曾任中国道教协会主席的任法融亲笔题写。

民间传说天靖山黑爷为天水一带影响力极强的南霁云（712—757），出身农民，排行第八，人称“南八”，勇武过人，在“安史之乱”中，协助张巡镇守睢阳（河南商丘），屡建奇功，后睢阳陷落，他宁死不降，慨然就义，在当地被供奉为二龙大王，民间广泛敬称为二爷。因为黑脸，也称为黑爷，该庙也称黑爷庙。庙后有一株古槐也有很高的保护价值。

2.国槐（编号 346 号），生长在村巷道口 33 号院门口，树龄 500 年，一级古树，树高 25m，胸围 360cm，冠幅 15m。由于生长周边为农户密集的建筑物，加之在路边，人为活动影响较大。

杨家山 33 号院门前国槐

杨家山 33 号院门前国槐

（四）盐池村

侧柏群分布在盐池村西，天定公路旁边，原为育生巷张家祖坟，现在为多姓墓地群。侧柏 4 株，平均树龄 150 年，平均树高 12m，平均胸围 160cm。

盐池村西侧柏

（五）何家庙村

何家庙村有一泰山庙，位于天水市秦州区罗峪沟最上游，距天水市西 10km 处，庙宇北面是罗玉北山，南面是中梁山，在天水市泰山庙与凤凰山泰山庙之间，脚下的罗玉河一直向东流去，与天水秦州南山的龙王沟相望而与藉河交融。

何家庙泰山庙原名龙凤寺，据现存的清代残碑和古柏推测，建于明成祖朱棣永乐年间，至今约有 660 年的历史。

从经历过多年风霜的残碑上可以看出，泰山庙曾多次遭受过自然灾害，也经多次整修，道光年间曾经历过一次大规模的翻修。在 2008 年的一次地震中受损严重，2021 年又进行了一次大复修。庙宇布局精巧，错落有致，彩绘绚烂。

庙宇内有古柏 3 棵，破四旧时期被砍伐一棵，现仅存2 棵，树龄约 350 年。两树合抱庙宇正殿。

1.侧柏(编号358号),生长在泰山庙院内南，树龄350年，二级古树，树高17m，胸围212cm,冠幅9m。

泰山庙院内南侧柏

泰山庙院内北侧柏

2.侧柏(编号262号),生长在泰山庙北侧，树龄350年,二级古树,树高20m,胸围215cm,冠幅9m。

(六)草胡子村

山杏(编号102号)(*var.ansu Maxim.*)蔷薇科、李亚属、杏属,由于果小,也称羊粪杏,是荒山绿化、嫁接大杏的砧木。该山杏树生长在草胡子村东南1.5km山坡上,树龄350年,二级古树,树高12m,胸围310cm,冠幅7m。该树有两大分枝,曾被雷击,其中一枝被击落损伤,还留有一枝,如今仍生长健壮。由于它年龄大而且有特殊的寄生物故称之为少见的“古树名木”。

该树有一个神奇之处,就是树上开两种花结两种果。在该杏树上寄生着另一个树种,俗称蜡梅、冬青,学名为桑寄生,为桑寄生科桑寄生属,属灌木植物。通常寄生在麻栎、苹果、白杨、松、桦、榆等树上。在杏树上寄生的较少,在天水古树名木普查中还发现在汪川旗沟、关子杨柳、藉口下山里等地的榆树上也有桑寄生现象。寄生植物有害于宿主,叶呈倒披针形,淡绿色,早春开淡黄色花,果半透明,成熟前绿色,成熟时红色,果肉有黏质物。全身可入药,尤其是果可提炼成有抗肿瘤作用的药物,另有观赏价值。桑寄生的花期与杏树开花错峰交替分别开黄红花,便成了该山梁上的一道靓丽风景。

寄主杏花开花状

研究树木生长年轮

桑寄生叶与寄主杏树叶同枝状

杏寄生果枝

桑寄生(杏寄生)结果状

榆寄生果枝

藉口下山里榆树榆寄生图

汪川旗沟榆寄生图

（七）麦王山村

1. 千枝柏，也称千头柏（学名：*platy cladus orieutalis*）丛生灌木，无主干，枝密生直展，树冠卵状球形，叶绿色，该树生长在山神庙门东，树龄400年，二级古树，树高12m，地围310cm，冠幅14m。

山神庙门东千枝柏

庄头路边杏树

2.杏树（编号423号）（学名：*Armeniaca vulgaris Lam.*），落叶乔木。该树生长在庄头路边，树龄350年，二级古树，树高13m，胸围340cm，冠幅15m。

(八)红卫村

红卫村之前叫杨家河,与赵家河相邻,同春寺位于罗峪沟杨家河村的村头,为财神庙,前身为宋家寺,始建于明初,坐落在赵家河,有四百年的历史,由于地质灾害影响,于清初迁往此处至今,以六合同春之意而更名为同春寺,历代多次扩建与修复。庙院中有 3 株古柏,古柏年龄与建寺时代相符。古柏平均年龄 400 年,围栏 220cm。另一株古柏树年龄均 100 年。

1.侧柏(编号 478 号),生长在同春寺,树龄 350 年,二级古树,树高 16m,胸围 222cm,冠幅 6m。

2.侧柏(编号 476 号),生长在同春寺,树龄 400 年,二级古树,树高 18m,胸围 203cm,冠幅 7m。

同春寺门口侧柏

三、关 子 镇

古代为冀戎活动区域，秦汉后属冀县，宋元时称夕阳镇，明代改为关子镇，为秦州城以西第一大镇，秦朝称秦州关，中华人民共和国成立后为第十区，下设关子、冯金、藉源、七十铺、石川等乡。1956年合并为藉口区。有关子等5个公社，关子镇境内古树较多，该镇共有古树名木133株。且有稀有古树名木2株，一是在天水地区为最大的流水观粗榧，另一株为杨柳的细裂槭。

关子镇位于秦州区西北部。面积113.01km²，农村人口5854户28161人（2008年末），辖29个行政村。镇政府驻关子村，距市区38km。地处籍河上游。地势起伏较大，东北低，西南高，平均海拔1500m。316国道过境。景点有流水观（玉泉观）。古迹有玉阳观、泰山庙、红土坡、杨家坪古文化遗址。关子镇有几大旅游胜地，有玉阳观、泰山庙、石门寺、麒麟山、石鼓山九墩牧场等，藉源林场的关子工区及石鼓山草原均在该镇范围。

（一）泰山庙

该庙位于关子镇关子村北山堡子中，始建于设冀县之后，原称岱狱庙，原在村东门北，后移建于卧龙山头，元延祐元年（1314年）竣工。直至乾隆十二年（1747年），重建改名为泰山庙。

关子镇全貌

泰山庙内古侧柏群:共有侧柏古树 13 株,平均树高 15m,平均胸围 280cm,平均树龄 400 年。

关子镇泰山庙大门

泰山庙院内侧柏

泰山庙院内侧柏

(二)杨柳村

细裂槭(编号499号)(*Acer stenolobum Rehder var. stenolobum*),槭树科、槭树属,落叶小乔木。叶长3~5cm,茎部近平截,3深裂,叶柄长3~6cm,淡黄色,翅果淡绿色,熟后淡黄色,成钝角或直角。生长在杨柳村庄门路边,当地人俗称独骨树,树龄300年,二级古树,树高8m,胸围320cm,冠幅10m。树周边建一圆形树池,树冠是伞状。既是古树又是名木。

细裂槭主干

村庄门路边细裂槭

村庄门路边细裂槭

（三）西华村

旋帽嘴木梨

木梨（编号432号）木梨（学名：*Pyrus L.*），蔷薇科、梨属，落叶乔木，叶卵形，伞形总花序，花白色，果卵球形或椭圆形，生长于500~2000m的山林灌木丛中，果实可食用，抗旱，寿命长。

该树生长在旋帽嘴，树龄300年，二级古树，树高15m，胸围250cm，冠幅12m。

（四）七十铺村

古槐群：小地名为老庄崖头，已无人居住，留下院落遗迹和巷道的古槐，共计 5 株，平均树高 16m，平均胸围 300cm，平均树龄 400 年。还另有一株古榆生长在庄背后崖头。

老庄崖头国槐

老庄崖头国槐

（五）董家山

说到董家山首先要讲一下我们天水的一位名人——董邦先生。董邦是该村、该乡、秦州乃至天水的一位名人，他是天水地下党的秘密工作领导人。董邦原名董振国，生于 1914 年，1929 年参加了冯玉祥的国民革命第一军。1931 年参加了著名的"宁都起义"，成为一名由中国共产党领导的红军战士，1932 年加入了中国共产党，1934 年参加了二万五千里长征，1938 年回到天水，从事党的秘密工作。天水解放后，先后任甘谷县县长、县委书记、天水地委统战部部长、地委副书记，后担任天水地委顾问，为党为人民发挥余热，1995 年去世，享年 81 岁。

1.国槐（编号 296 号），生长在柯寨里自然村，小地名槐树根，树龄 600 年，一级古树，树高 15m，胸围 400cm，冠幅 12m。树主干结出许多树瘤，形如群猴闹春。

董家山国槐

槐树根崖边国槐

2.木梨(编号433号),生长在柯寨自然村篮球场中,树龄300年,二级古树,树高8m,胸围280cm,冠幅16m。

篮球场中木梨

3.国槐(编号297号),生长在董家山村老家房的大门口,即路崖边30号院前,周围都是董邦的亲房同族。董家山村的大国槐据说是董邦的祖先所植,树龄300年,二级古树,树高20m,胸围315cm,冠幅18m。

董家山30号院前国槐

(六)寨子村

1.国槐(编号319号),生长在寨子村庄头,树龄300年,二级古树,树高19m,胸围280cm,冠幅20m。

寨子村庄头国槐

2.木梨(编号435号),生长在庙门外北,树龄400年,二级古树,树高12m,胸围240cm,冠幅12m。

庙门外木梨

(七)孙家坡

国槐(编号298号),小地名十字路下,树龄400年,二级古树,树高18m,胸围260cm,冠幅16m。

十字路下国槐

(八)流水村

该村的粗榧既是古树又是名木,生长在玉阳观背后。该村以玉阳观而闻名,由于该观在流水村流水沟的上游,故当地人们也称其为流水观。

玉阳观始建于金元中统时期(约1263—1271),现存元、清、民国以来碑铭十一块,为市级文物保护单位,有800多年的历史,玉阳观以立基之早、地势之奇、环境之幽、建筑之雄、壁画之精、存碑之多、古树之绝、香火之盛等“八绝”闻名于秦州、甘谷、秦安等地,每年农历四月初八为祭祀盛会,是当地民间每年的一项文化盛会。

1.粗榧(编号638号)(学名:*Cephalotaxus sinensis* (*Rehd. et Wils.*) *Li*),灌木。为裸子植物,三尖杉科,常绿小乔木或灌木,叶正面深绿色背面有2条白色的气孔带,种子椭圆形,全株可入药,为庭院绿化材种。

该树生长于流水观庙背后,为天水地区范围内现存的最大粗榧,树龄800年,一级古树,树高5m,地围150cm,冠幅6m。

玉阳观西北角生长的粗榧

粗榧主干

玉阳观院内侧柏

2.侧柏(编号639号),生长在庙观院内,树龄200年,三级古树,树高12m,胸围170cm,冠幅10m。

3.木梨(编号444号),生长在流水村梁头,树龄300年,二级古树,树高10m,胸围260cm,冠幅7m。

流水村梁头木梨

4.木梨（编号474号），生长在流水村对面，树龄300年，二级古树，树高10m，胸围260cm，冠幅8m。

流水村对面木梨

（九）王家山

白榆（编号 508 号），生长在王家山商户台阶上，树龄 400 年，二级古树，树高 13m，胸围 170cm，冠幅 10m。

王家山商户台阶上白榆

（十）石川村

1.国槐（编号 314 号），生长在石川村水渠沟李家门口，树龄 300 年，二级古树，树高 17m，胸围 205cm，冠幅 14m。

李家门口国槐

2.国槐（编号 284 号），树龄 200 年，生长在引洮入秦的出水洞口，洞口有古槐，古槐前有出水洞，互相为一个重要的标志。引洮入秦工程历时 5 年，起止时间为 2015—2019 年，于 2019 年 9 月 27 日通水，从甘谷钻隧道经石川村出口再通入杨家湾调蓄池，再进入藉口水厂，经过处理净化后进入天水秦州与麦积城区的千家万户。引洮入秦工程是近年来天水市一项非常重要的民生工程。

引洮入秦出水口国槐

3.椴树（*Tilia tuan Szyszyl*），别名叶上果，为椴树科、椴树属的植物。是中国珍贵的重点保护植物，树皮灰色直裂，小枝近秃净，顶芽无毛或有微毛，叶宽卵形，无柄，花、果生长在叶上，故称叶上果，果球形，有经济、食用、药用价值。

该椴树群生长在关帝庙东崖头，共 4 株，树龄 100 年，三级古树，树高 13m，胸围 300cm，冠幅 10m。

关帝庙东崖头椴树

(十一)潘时师家湾村

国槐(编号 290 号),生长在师家湾村场边,树龄 200 年,二级古树,树高 20m,胸围 200cm,冠幅 13m。

师家湾村场边国槐

（十二）潘家河村

旱柳（编号 151 号），生长在麒麟山庙门口西侧，树龄 300 年，二级古树，树高 22m，胸围 545cm，冠幅 21m。

麒麟山庙门口旱柳

（十三）朱堡村

国槐（编号 1 号），小地名吊猪头，树龄 400 年，二级古树，树高 20m，胸围 266cm，冠幅 15m。

吊猪头国槐

（十四）朱曹村

国槐（编号 10 号），小地名大槐树沟，树龄 1100 年，一级古树，树高 20m，胸围 575cm，冠幅 16m。

大槐树沟国槐主干（初春）

大槐树沟国槐（夏）

（十五）梨尧村

1. 核桃（编号 402 号）（学名：*Juglans regia L*），胡桃科、胡桃属。生长在梨窑村马家尧，树龄 300 年，二级古树，树高 25m，胸围 290cm，冠幅 5m。另有一株木梨生长在村梁头，也列入古树保护。

马家尧核桃

马家尧庄头路边皂荚

2.皂荚（编号 401 号），生长在梨窑村马家尧庄头路边，树龄 300 年，二级古树，树高 13m，胸围 250cm，冠幅 5m。

古树群

四、藉 口 镇

藉口镇位于秦州区西北部，东靠太京镇，南连牡丹镇、秦岭乡，西与关子镇接壤，北与北道区凤凰乡毗邻。民国时期分别由而立镇和铁炉镇所辖，中华人民共和国成立为天水县第十六区藉口乡。距秦州区 23km。境内地势西高东低，最高海拔 1927m，最低海拔 1326m，最高气温 36.3℃，最低气温-20.3℃，无霜期 175d，年降雨量 586.6mm。秦州大道、藉罗、杨铁、藉关等公路穿越境内，交通便利。藉河、西源支流在境内交会，水资源较为丰富。藉口因位于藉河上游两支流的交汇处——夕阳口子而得名。

藉口地貌

全镇总面积 92km²,有耕地面积 48900 亩,森林面积 22989 亩。以蔬菜、苹果、桃、梨、杏、西瓜、大樱桃为本镇特色农产品等。藉口镇川地面积较大,灌溉条件较好,发展农业生产有很大优势。秦州区在境内建立了农业综合开发区,为发展农村经济打下了良好基础。该乡特别以苹果为主的林果业已成为全镇支柱产业,各种果园面积已达 13200 亩,是秦城区的主要产区。所产苹果色鲜味美、享誉秦城、畅销全国。藉口为秦州新城建设规划区,在建项目有贮备粮库、江南市场、职教园等。

藉口镇是秦州区古树名木数量、树种树龄最多的乡镇,共有古树名木 102 株,有上千年树龄的 3 株,而且秦州第一槐就生长在藉口镇的王家小庄,秦州最大的卫矛科白杜树也在该镇。秦州区唯一的一个国有林场大部分位于该镇上游。与杨家寺、关子、甘谷、礼县相接壤。耤源林场的铁炉工区、上磨水库(遗址)、引洮工程蓄调水池也在该镇。

藉口镇共有古树名木 154 株。

(一)铁炉、缑家庄

云台观坐落在藉口镇缑家庄村刘家庄自然村南山上,也叫龙头山(云台观),与马鞍山山系相连,海拔 1600m,以观内古槐为据,始建于唐朝。清乾隆有碑记,观后唐槐苍老古朴,观前两古柏呈二龙戏珠之势。该观周围共有古柏及唐槐共计 12 株(台台观 7 株,泰山庙 5 株)。2017 年对云台观及泰山庙近 20 株古树进行了现场挂牌保护,2021 年林草局对唐槐及部分古树实施了复壮与保护措施。

铁炉村村貌

云台观全景

1.唐槐(编号176号),生长在祖师庙院背后，树龄1200年，一级古树，树高18m,胸围750cm,冠幅13m。

祖师庙院背后唐槐

2.国槐(编号177号),生长在祖师庙院背后,树龄300年,二级古树,树高10m,胸围220cm,冠幅6m。

祖师庙院背后国槐(左、东株)

3.侧柏群

(1)侧柏,共5株,2株生长在云台山庙内,3株生长在半山腰路旁,平均树龄350年,平均树高7m,平均胸围210cm。

云台山半山腰侧柏

云台山半山腰侧柏

侧柏主干

4.国槐(编号 27 号),生长在铁炉街道 15 号门前,树龄 350 年,二级古树,树高 26m,胸围 280cm,冠幅 11m。

铁炉街道 15 号门前国槐(北)

5.国槐(编号28号),生长在铁炉街道15号门斜对面,树龄300年,二级古树,树高25m,胸围335cm,冠幅11m。

铁炉街道15号门前国槐(南)

(二)董家崖

该村在藉河的北山与杨家湾相望。温家尧村古树当地人敬称之神树。

1.国槐(编号 23 号),生长在温家尧 11 号,树龄 400 年,二级古树,树高 30m,胸围 430cm,冠幅 28m。

温家尧 11 号门前国槐

2.国槐(编号 22 号),生长在观沟里(槐树场),树龄 300 年,二级古树,树高 17m,胸围 300cm,冠幅 8m。

观沟里国槐

(三)四十里铺

四十铺古树全貌

1.侧柏(编号21号),生长在小学院内(现已移出),树龄300年,二级古树,树高20m,胸围180cm,冠幅5m。另有一古柏较小,树龄约150年,为三级古树。

原小学院内侧柏(旧照)

2.国槐（编号20号），生长在小学院门口，树龄400年，二级古树，树高18m，胸围400cm，冠幅16m。

原小学院外台阶处国槐

(四)郑集寨村

国槐(编号 17 号),生长在赵双保家门口,树龄 300 年,二级古树,树高 28m,胸围 250cm,冠幅 20m。

赵双保门口国槐

（五）崔家磨

1.侧柏（编号600号），小地名山神庙，树龄150年，三级古树，树高7m，胸围130cm，冠幅8m。

山神庙侧柏

2.国槐（编号615号），生长在该村当庄路边，树龄300年，二级古树，树高14m，胸围320cm，冠幅13m。

当庄路边国槐

(六)五十里铺

1.国槐(编号 18 号),生长在山神庙，树龄约 800 年，一级古树，树高 10m,胸围 240cm,冠幅 9m。该树曾受雷击损害,树头新发技稍,树势较弱,但都进行了保护与复壮。

山神庙国槐

2.国槐(编号 19 号),生长在五十铺村藉关公路边,树龄约 1000 年,一级古树,树高 20m,胸围 600cm,冠幅 15m。

藉关公路边国槐

（七）芦子湾

西五台庙坐落在天水市秦州区籍口镇芦子湾村境内。庙内四合院的中央，有一棵600多年的“紫丁香王”，是五台山历史的见证者。

1.紫丁香（编号218号），也为名木，当地俗称“龙柏”，为秦州现存最大的紫丁香花，生长在西五台山院内，树龄600年，树高5m，地围300cm，冠幅7m。

五台山全景

五台山大门

五台山院内紫丁香

2.紫丁香(编号 227 号),生长在西五台山台阶处,树龄 100 年,树高 5m,地围(丛生)100cm,冠幅 4m。

西五台山台阶上的紫丁香

3.木梨(编号 220 号),生长在炸山嘴,树龄 300 年,二级古树,树高 12m,胸围 160cm,冠幅 2m。

炸山嘴木梨

(八)朱家庙村

1.楸树(学名:*Catalpa bungei*),紫葳科、梓属,落叶乔木,树皮有纵裂,叶三角状卵形或卵状圆形,顶生伞状总状花序,淡红色,蒴果线形,像蒜薹,民间称蒜薹树,木材是良好的建筑用材,花可食,叶可作饲料,茎皮、叶、种子均可入药。该株楸树(编号74号),生长在朱家庙院外,树龄200年,二级古树,树高12m,胸围260cm,冠幅6m。

朱家庙院外楸树

方神庙院内侧柏

2.侧柏(编号70号),生长在朱家庙院内,树龄300年,二级古树,树高12m,胸围190cm,冠幅8m。

3.紫丁香(编号73号),为名木,当地俗称龙柏,生长在朱家庙门口,树龄300年,树高5m,地围120cm,冠幅6m。

朱家庙门口紫丁香

（九）王家河村

1.辽东栎（学名：*Qutrcus Wu taishansea Mary*），是壳斗科、栎属落叶乔木，也称橡子树。树高达15m，树皮灰褐色，纵裂。幼枝绿色，叶片倒卵形至长倒卵形，壳斗浅杯壮，坚果卵形至卵状椭圆形。木材为优良的建筑、薪柴原料，也是种黑木耳优质基料，种子可酿酒和用饲料。在天水市广泛分布和生长，尤其在小陇山林区及藉源林区达到几十万亩，但在人类活动频繁的村庄保留如此之人的栎类的树种在秦州区仅有两三株。最大一株在此。

该古树生长在天水市秦州区藉口镇王家河村庄西边崖头（编号43号），树龄400年，二级古树，树高10m，胸围230cm，冠幅8m。距天水市市区40km。该树的主要特征是树干基部和树根由于雨水冲刷，大部分树根裸露，从树干基部向地下延伸裸露根有1.5~4.0m的长度，裸露面积达50m²，裸露的根盘龙错节，空实不一，为活着的根艺，确实少见。树主干5m处在20世纪60年代曾被砍去树头主枝，之后发出了十几个主枝像一把巨伞撑开，尽管根部裸露，但树生长很健壮。

2003年天水市秦城区首次古树名木普查中就有该树，2018年秦州区林业部门又挂牌建档保护，2021年初完成了砌护坡、回填营养土、施肥、杀菌、杀虫（蚂蚁）、建围栏等保护和复壮措施。目前设想列入天水“古树游”景点之一，并列入了全国人文古树大观。上报全国人文古树大观的还有“春秋古柏”、“八卦柏”古树群（伏羲庙）、“秦州第一槐”（耤口南灵王家小庄）、“毛白杨古树群”（太京庞家沟）。

王家河村西庄边崖头辽东栎

保护前立地状况

护坡、围栏等实施后现状

2.露仁核桃

市区人大调研秦州区古树保护工作

核桃（学名：*Juglans regia L*），胡桃科、胡桃属。纸皮核桃因皮薄如纸、易取整仁而得名，又名露仁核桃，分布海拔 1700~2400m，营养丰富。内种皮淡黄色，无涩味，种仁饱满，具香味。出仁率 65.4%，脂肪含量 65.5%，蛋白质含量 12.6%，坚果美观，品质上等。该株（编号 696 号）生长在村庄庄边 6 号院门口，为秦州唯一发现的一株露仁核桃，故既是古果树又是名木。所以保护这一种质资源意义很大。树龄 100 年，一级古树，树高 10m，胸围 230cm，冠幅 9m。

庄边 6 号院门口核桃

核桃主干

(十)北灵村

国槐(编号 279 号),生长在村庄中间路边,树龄 500 年,一级古树,树高 24m,胸围 480cm,冠幅 12m。2020 年被风折头,现在树高为 15m。

庄中间路边国槐

(十一)下山里村

1.国槐(编号 274 号),生长在村庄路口(庄边),树龄 400 年,二级古树,树高 30m,胸围 390cm,冠幅 27m。由于该村已搬迁至山下,人为影响减小,树体生长挺拔健壮。附近还有百年国槐和榆木各 1 株。

庄路口国槐

(十二)马庄村

国槐(编号 293 号),生长在王小明家门口,2 株,大株树龄 400 年,二级古树,树高 19m,胸围 380cm,冠幅 16m。另一株 260 年,为三级古树,树高 18cm,胸围 240cm。

王小明家门口国槐

(十三)牛尧村

1.国槐(编号 300 号),生长在庄后崖(房背后),树龄 300 年,二级古树,树高 18m,胸围 270cm,冠幅 15m。

庄后崖国槐

2.国槐(编号 306 号),生长在牛尧下庄 5 号院内,树龄 350 年,二级古树,树高 20m,胸围 290cm,冠幅 15m。

牛尧下庄 5 号院内国槐

3.国槐(编号 549 号),生长在牛尧村窑场里,树龄 200 年,三级古树,树高 20m,胸围 220cm,冠幅 15m。

牛尧村窑场里国槐

（十四）吴家崖村

1.白榆（编号 350 号），生长在高台台磨，树龄 300 年，二级古树，树高 18m，胸围 350cm，冠幅 14m。

高台台磨白榆

2.国槐（编号 282 号），生长在龙王庙院内东边，树龄 350 年，二级古树，树高 15m，胸围 300cm，冠幅 12m。另有 2 株百年侧柏。

龙王庙院内东边国槐

(十五)高庙村

国槐(编号 308 号),小地名大槐树下,树龄 300 年,二级古树,树高 17m,胸围 300cm,冠幅 20m。

大槐树下国槐

（十六）半坡村

国槐（编号 29 号），生长在庄头院边，树龄 1100 年，一级古树，树高 14m，胸围 560cm，冠幅 11m。树势衰弱，曾被雷击过，部分已空心，已建树池、围栏保护。

庄头院边国槐

(十七)上寨村

1.国槐(编号 311 号),生长在新院门口,树龄 150 年,三级古树,树高 17m,胸围 180cm,冠幅 7m。

新院门口国槐

2.木梨(编号454号),生长在堡子山场,树龄300年,二级古树,树高12m,胸围310cm,冠幅11m。

堡子山场木梨

3.木梨(编号315号),生长在泰山庙院内,树龄200年,三级古树,树高15m,胸围230cm,冠幅5m。

泰山庙院内木梨

4.国槐，生长在庄边崖头，树龄 400 年，树高 15m，胸围 250cm，冠幅 8m。

上寨崖边庄背后古槐

（十八）曹山村

1.白榆（编号497号），生长在大路畔（办公室附近），树龄350年，二级古树，树高10m，胸围410cm，冠幅8m。

大路畔白榆

2.木梨（编号252号），生长在曹山村泰山庙院内，树龄400年，二级古树，树高12m，胸围280cm，冠幅10m。院外一株百年古柏。

泰山庙院外侧柏及院内木梨全景

（十九）船北新庄

国槐（编号 342 号），生长在新庄张国太家门口，树龄 300 年，二级古树，树高 20m，胸围 200cm，冠幅 17m。生长正常，较旺盛。

新庄张国太家门口国槐

（二十）刘家河（放牛村）

刘家河村，在秦州区共有四处，还有罗峪沟刘家河、华岐刘家河、娘娘坝刘家河。该村也叫放牛村，该村的 3 株古槐呈一条线栽植，距离相等，现存活 2 株，附近另有 2 株百年古槐组成一个国槐群。

放牛村以种植苹果而闻名，20 世纪 90 年代，时任副总理朱镕基考察并题“放牛村”三字，该村主要以苹果为支柱产业，外出务工人员相对较少。

朱镕基题词

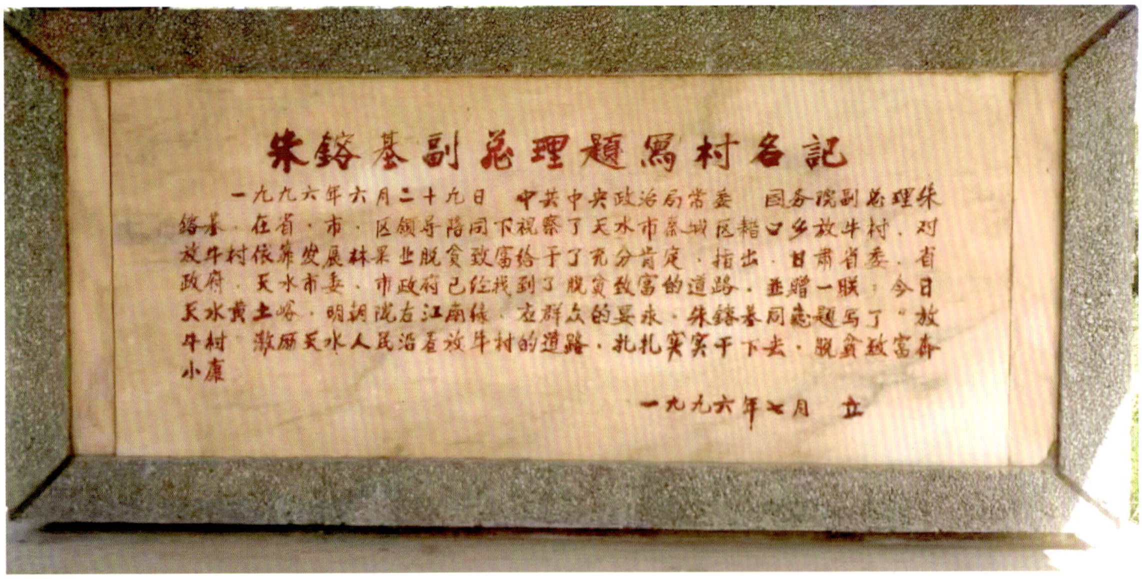

朱镕基副总理题写村名记

1996 年 1 月 29 日，时任中共中央政治局常委、国务院副总理朱镕基在省、区、市领导陪同下视察了天水市秦州区耤口乡放牛村，对放牛村依靠发展林业脱贫致富给予了充分肯定，指出：甘肃省委、省政府、天水市委、市政府已经找到了脱贫致富的道路。并赠一联“今日天水黄土峪，明朝陇右江南绿”。应群众的要求，朱镕基同志题写了“放牛村”，激励天水人民沿着放牛村的道路，扎扎实实干下去，脱贫致富奔小康。

1.国槐(编号 286 号),生长在刘家河上庄路畔,树龄 400 年,二级古树,树高 19m,胸围 380cm,冠幅 12m。

刘家河上庄路畔国槐

2.国槐（编号 324 号），生长在大门台子（中），树龄 400 年，二级古树，树高 18m，胸围 270cm，冠幅 10m。另一株国槐树龄 200 年，二级古树，树高 22m，胸围 250cm，冠幅 16m，组成一个古树群。

大门台子国槐

庄东边国槐

3.国槐(编号334号),树龄200年,二级古树,树高22m,胸围250cm,冠幅16m。小地名庄东边。

334号国槐主干

4.国槐(编号321号),小地名桥子沟,树龄150年,三级古树,树高15m,胸围170cm,冠幅13m。

桥子沟国槐

（二十一）大山村

1.白杜（*Euonymus maackii*），也叫丝棉木，当地也叫水银木，与南郭寺的本地卫矛同科同属，多为灌木和小乔木，树皮灰色，小枝绿色到灰绿色，叶菱状椭圆形，叶柄长约 2~3cm，聚伞花序 1~2 回分枝，花药紫红色，朔果倒圆锥形，种子具橙色至橙红色假种皮。嫩叶可代茶，树皮药用，为观赏树。

该株现长成大乔木，是秦州区内最大的一株，生长环境要比南郭寺海拔高 500m，生长在大山自然村 3 号门前崖边，树龄 400 年，既古树又是名木，树高 14m，胸围 315cm，冠幅 13m。

3 号门前崖边白杜

白杜枝叶

2.国槐(编号 299 号),生长在大山自然村路崖边,树龄 350 年,二级古树,树高 15m,胸围 300cm,冠幅 23m。

村路崖边国槐

(二十二)南灵村

1.裴家庄自然村

(1)木梨(编号 283 号),生长在裴家庄家庙前崖边,树龄 400 年,二级古树,树高 7m,胸围 345cm,冠幅 7m。

家庙前崖边木梨

（2）国槐（编号 280 号），生长在裴家庄 20 号，树龄 350 年，二级古树，树高 19m，胸围 300cm，冠幅 15m。

裴家庄 20 号门口国槐

(3)国槐(编号 263 号),生长在裴家小庄 30 号,树龄 350 年,二级古树,树高 25m,胸围 360cm,冠幅 14m。

裴家庄 20 号门口国槐

2.王家小庄

(1)"秦州第一槐"为国槐,俗称面槐,由于生长缓慢,是常见的古文物树之一,民间有"千年的古柏万年的槐,最后还问柿子来"的说法。

该槐树生长在天水市秦州区藉口镇南灵村王家小庄(编号 277 号),在村庄中间的路边,树龄 1500 年,一级古树,树高 23m,胸围 660cm,冠幅 24m。该树距天水市 30km,沿秦州大道杨家湾水场进沟,在"放牛村"上山 3km 处,海拔 1655m。为秦州区最大年龄的槐树,可称为隋槐,为一级古树,树高 23m,胸围 660cm,比南郭寺门口的两株唐槐胸围多 90cm,直径 2.1m,冠幅 24m,堪称"秦州第一槐"。

村庄中间路边的"秦州第一槐"

村庄中间路边第一槐主干

据村中老人讲，60 年前全村人曾自发用人背、架子车拉填土保护过。

2018 年普查时发现并挂牌建档，2020 年对该槐树开展了砌护坡、回填营养土、消毒、杀虫、施肥等保护和复壮工作，2021 年对此区五株古槐开展了防护围栏等保护措施。

该树是全村人的纳凉、聊天聚集之处，小孩玩耍的场所，传说该树与古时传说王祥卧冰故事有关。传说王祥卧冰求鲤救母，却伤了鱼儿性命，王祥投海自尽，这苦了南海观音，数九寒天，回天无术，观音就取山西、四川两地槐树之枝条，来到放牛村（因老君在西十里石林处炼丹，牛坐骑偷跑在此，被王、刘、李姓童圈养而得名）。割其牛角采取牛血，用南采（南寨）之洁水与槐树枝混合煮了三天三夜，给王祥饮之，方才通了王祥的魂魄，王祥失去了往日记忆，见到这里山清水秀，胜似桃花源，就决定在此地生活并亲手植三槐。因王祥灵气由南海观音用槐树修炼，所以此地叫南灵。不论传说是否真实，但在这里保留下来的古槐是真实存在的，可见南灵村历史的悠远。

（2）国槐群：在秦州第一槐周边无规划的分布着 4 株古槐，其中 2 株均为 200 年的三级古树，2 株均为 300 年的二级古树，形成了一个 4 株国槐古树群。

保护后国槐

(二十三)石泉子

1.木梨(编号 532 号),生长在村头董新院崖边,树龄 300 年,二级古树,树高 12m,胸围 240cm,冠幅 4m。

村头董新院崖边木梨

2.国槐群，共5株，生长在石泉村，平均树龄200年，平均树高16m，平均胸围150cm。

石泉村国槐

石泉子国槐

石泉村国槐

(二十四)三合史家沟

1.文冠果(编号539号)(学名:*Xanthoceras sorbifolium Bunge*),无患子科、文冠果属落叶灌木或小乔木。当地俗称木瓜、龙瓜等,嫩叶、嫩芽可加工成文冠果茶饮,种子可榨油,外果及可作洗涤原料;为中国特有的一种食用油料树种,为经济林种之一。主冠果花序大、花朵稠密,花期长,甚为美观。小叶对生,边缘有锐利锯齿,蒴果长达6cm;种子黑色,嫩时可食,数量不等,外种及皮特厚,外形像大核桃;也是防沙固沙防护林优良的木本油料树种,树高可达5m;小枝褐红色粗壮。

该树生长在史家沟马家窑半崖边,树龄300年,二级古树,树高7m,胸围175cm,冠幅8m。为秦州境内最大株文冠果。该树在秦州区藉河流域部分地方崖边,成零星分布。均为天然灌木片林。

马家窑半崖边文冠果

文冠果花

文冠果

文冠果主干与主枝

文冠果种子

2.朴树(编号 302 号)(学名:*Celtis sinensis Pers*),是荨麻目、榆科、朴属落叶乔木。该株生长在史家沟排房背后,树龄 200 年,三级古树,树高 8m,胸围 160cm,冠幅 7m。

史家沟排房背后朴树

(二十五)杜家山

木梨群,共6株,生长分布在杜家坟院村委会房背后。平均树龄150年,平均胸围160cm。

村委会房背后古木梨群最大株照片

古木梨群全景图

五、太 京 镇

太京镇以境内有太京山而得名，民国时称“而立镇”（三十而立之意）。

太京镇位于秦州区西部，东接玉泉镇、皂郊镇，南邻牡丹镇，西与藉口镇接壤，北与中梁乡毗邻。距秦州区15km。秦州大道、天牡公路贯穿全境，交通便利。该镇地处籍河流域，地下水资源较为丰富。

该镇川地面积大，灌溉条件好，发展农业生产有得天独厚的优势。秦州区在境内建立了农业综合开发区，为发展农村经济打下了良好基础。特色经济以梨、桃、苹果、大樱桃经济果树及蔬菜、大蒜、蒜薹、西瓜等成为全乡两大支柱产业。所产果品、蔬菜品质好，远销全国不少省市，现在由于秦州新城区开发使蔬菜种植面积逐渐减少。

该镇共有古树名木119株。

（一）庞家沟村

1.毛白杨古树群

毛白杨：（拉丁名：*Populus tomentosa*）杨柳科，属落叶大乔木，生长快，树干通直圆满，适应性强，主根和侧根发达，枝叶茂密，是速生用林、防护林和街道绿化的树种。

天水地区也称憨白杨，是天水乃至陇南市优良的乡土树种。栽种历史悠久，材质好、抗性强，深受当地群众喜爱，是全国科研上的重点攻关树种之一，与其他杨树相比，最大的优点是不受天牛的危害。甘肃农业大学教授姚秀玲早在20世纪80年代就在天水市麦积区马头苗圃开展了毛白杨种质资源收集和无性繁殖等工作，选出优良母树40余株，种源至今保留在天水市麦积区东岔镇马头苗圃。

该毛白杨古树群分布在天水市秦州区太京镇庞家沟村的当庄，共3株。平均年龄400年，平均树高26m，平均胸围550cm，平均直径1.75m，平均冠幅20m，其中两株生长在当庄大路口，另一株生长在向北50m的路旁，树下为人们聚集、聊天、纳凉之处，历来虽受人为活动的影响，但生长健壮。天水市20世纪70年代就将古树群挂牌保护，2003年天水市秦州区曾普查登记列入二级文物古树群，2018年天水市秦州区林业部门进行了又一次建档，近年来随着《天水市古树名木保护条例》的出台，在镇政府和林草局两部门的重视下，拆除了上面的马钉、电线，翻新覆土、砌树池，开展保护和复壮措施。

该3株毛白杨古树是甘肃乃至西北范围内保留下来的最大的杨树之一。

（1）毛白杨（编号529号），生长在庞保平家门口，树龄400年，二级古树，树高24m，胸围530cm，冠幅20m。

毛白杨旧照

庞保平家门口毛白杨

（2）毛白杨（编号 474 号），生长在村子中间路边，树龄 400 年，二级古树，树高 28m，胸围 535cm，冠幅 18m。

毛白杨远景

（3）毛白杨（编号 535 号），生长在村中路边，树龄 400 年，二级古树，树高 27m，胸围 570cm，冠幅 22m。

村子中间路边的毛白杨

2.国槐（编号 471 号），生长在村子中间路边崖上，树龄 400 年，二级古树，树高 23m，胸围 420cm，冠幅 14m。由于生长在陡路中间，人为因素及雨水冲刷致使部分根裸露，已完成砌筑护坡、回填坡土、修建围栏等保护复壮工作。

村子中间路边崖上国槐

（二）太京镇中心小学

1.侧柏（编号767号），生长在太京小学大路口东，树龄300年，二级古树，树高15m，胸围165cm，冠9m。

2.侧柏（编号756号），生长在太京小学大路口西，树龄300年，二级古树，树高16m，胸围220cm，冠10m。

太京小学大路口侧柏

（三）三十甸子村

龙爪槐（学名 *Sophora japonica*），为乔木，豆科、蝶形花亚科、槐属，是国槐的芽变种，多为用龙爪槐枝条在国槐树上嫁接繁育，是优良美观的园林绿化树种。该龙爪槐（编号 804 号）生长在甸子村台家新院门口，树龄 300 年，二级古树，树高 7m，胸围 240cm，冠 13m。

台家新院门口龙爪槐（旧照）

台家新院门口龙爪槐

龙爪槐主干

(四)东山村

1.木梨(编号682号),生长在东山村,小地名为山神庙,树龄500年,一级古树,树高12m,胸围400cm,冠12m。

山神庙木梨

2.侧柏(编号545号),生长在东山村木角山自然村泰山庙院内,共2株,平均树龄400年,二级古树,树高15m,胸围245cm,冠9m。

泰山庙侧柏

泰山庙侧柏

3.国槐(编号743号),生长在东山村木角山自然村赵家老坟院,树龄400年,二级古树,树高22m,胸围330cm,冠幅19m。

赵家老坟院国槐

(五)马岐山村

马岐山村主山名曰青龙山，山顶建一庙为高皇庙，由于庙背后有一千年古梨树，该庙也称梨花寺，该寺庙远近闻名，秦州城区及周边民众尤其是许多老年人都会去观古树朝庙会，庙门口有2株国槐，院内有1株侧柏。

1.国槐(编号741号)，生长在青龙山梨花寺高皇庙门口，2株，右侧一株，树龄300年，二级古树，树高20m，胸围270cm，冠幅17m。另一株在门口左侧，树龄200年，胸围170cm。

青龙山梨花寺高皇庙门前国槐

2.木梨(编号677号)生长在青龙山，树龄800年，一级古树，树高6m，胸围400cm，冠幅8m。古朴苍老，修建长二十几米、高十多米的护坡，树旁立一大石碑"青龙山"，又有凉亭等建筑，为该树增添了几分意境和保护价值。

青龙山门前木梨

(六)盘头山村

木梨(编号 664 号),生长在场路边,树龄 300 年,二级古树,树高 12m,胸围 230cm,冠幅 13 m。

场路边木梨

(七)新庙子村

国槐(编号 721 号),生长在大槐树台,树龄 350 年,二级古树,树高 17m,胸围 300cm,冠幅15m。

大槐树台国槐

（八）张、吴家山村

1.秀金山

榆树生长在秀金山庙背后（编号 665 号），树龄 100 年，三级古树，树高 8m，胸围 220cm，冠幅 15m。

秀金山大门

秀金山庙背后榆树

2.国槐(编号475号),生长在吴家山王金平家老院门口,树龄300年,二级古树,树高18m,胸围270cm,冠幅16m。

王金平家老院国槐

(九)韦家沟村

韦家沟有一庙为玉泉山老君庙,从二十铺佛公桥沿韦家沟进沟 3km 处,韦家沟村主山名为玉泉山,所建庙宇为九天圣母四后元君庙,始建于明末清初,庙宇院中所植侧柏树龄约 350 年,2 株,另有 200 年千枝柏 2 株,山门台阶两侧各有一株 200 年左右的崖槐。

1.侧柏(编号 777 号),生长在玉泉山方神庙,树龄 350 年,二级古树,树高 15m,胸围 170cm,冠幅 7m。

2.侧柏(编号 778 号),生长在玉泉山方神庙,树龄 350 年,二级古树,树高 13m,胸围 150cm,冠幅 7m。

玉泉山方神庙千枝柏

3.千枝柏

方神庙门前侧柏和一株千枝柏

4.国槐，生长在山神庙台阶最底下，路边、崖边各一株，平均树龄200年，三级古树，平均树高13m，平均胸围170cm，冠幅9m。

山神庙台阶路边崖边国槐

路边崖边国槐

路边崖边国槐

(十)李家台子村

国槐(编号 702 号)生长在东台台崖边,树龄 500 年,一级古树,树高 12m,胸围 340cm,冠幅 15m。实施了护坡、围栏保护措施。

东台台崖边国槐

崖边国槐主干

(十一)郑家磨

国槐生长在庄崖头（北山公路边）(编号 695 号)，树龄 150 年，三级古树，树高 10m，胸围 180cm，冠幅 5m。实施了围栏保护。

庄崖头国槐

(十二)玉香观

玉香观建在太京中小学后南山上,主殿供着玉皇大帝,是十八罗汉朝玉帝传说的重要组成部分。

1.三角枫(编号870号)(拉丁学名:*Acer buergerianum Miq*)又名三角槭,无患子目、槭树科、槭属落叶乔木。该株生长在玉香观后西崖,树龄300年,二级古树,树高8m,胸围230cm,冠幅9m。

玉香观后西崖边三角枫

后崖三角枫主干

2.侧柏:玉香观西北角,树龄200年,高12m,胸围170cm。

3.国槐：现位于钟楼西，树龄200年，高12m，胸围260cm。

太京玉香观国槐

（十三）董家磨

山神庙古柏群。山神庙在该村东头的水沟边，四周为果园农田，古柏群树种为侧柏，3 株，平均树高 16m，平均胸围 160cm，平均树龄 200 年，已建围栏保护。

山神庙边古柏

山神庙边古柏

(十四)尹家庄

1.侧柏(编号 800 号),生长在原尹家庄家神庙门口,树龄 300 年,树高 15m,胸围 220cm,冠幅 10m。

家神庙门口侧柏

2.国槐群,分布在庄西头,3 株,平均树高 20m,由于影响高压线而落头,现高 15m,平均胸围 235cm,平均树龄 200 年。

庄西头国槐

庄西头国槐

（十五）川口村

川口村西山头为十八罗汉峰的第一峰，从二中梁也就是从太京川口一直到藉口的白草滩的北山，经历几万年的雨水冲刷形成了十八座罗汉状山形，故称为十八罗汉峰。对面南山（太京中学背后）玉香观大殿中供奉着玉皇大帝，故有十八罗汉朝玉帝的传说。

从川口到白草滩的这一片，近 10km 的山坡上均零星分布着古侧柏树，但以此处最多，百年柏树近百株，挂牌保护 8 株，树龄最大有近 500 年。平均胸围 180cm，树高 6~8m，但由于树均生长在砂岩崖上，含水量、有机营养成分都很低，而且砂岩质地紧密，根部生长延伸能力受阻，所以生长特别缓慢，故加强保护该古树群意义特别重大，也反映了侧柏树种顽强的生命力。

1.古柏群：该群分布在川口村的山神庙山头，为二中梁的起落点，在年集沟与藉河的交汇处，距年集寨 2km。

山神庙山头古柏主干

山神庙山头古柏根

山神庙山头古柏(旧照)

裸露的根系

山神庙山头古柏

2.家神庙古柏,在家神庙正院中有2株,平均树龄200年,平均树高18m,平均胸围185cm,冠幅13m。

家神庙古柏

（十六）年集寨

有2株百年古槐和1株百年皂荚，均为三级古树。

年集寨古槐

年集寨古槐

六、皂 郊 镇

皂郊镇在南宋时称皂郊堡，念转音，民间常叫“皂郊蒲”，该镇建于宋淳熙四年（1177 年），为宋、金长期争战之地，明清及民国时为皂郊镇，是秦州十六镇之一。20 世纪 60 年代与兴隆公社合并。2005 年又将其店镇乡合并到现在的皂郊镇。皂郊镇是秦州城的南大门，秦州高速南出入口就设在皂郊镇下街头。

皂郊镇位于秦州区南部。东接麦积区甘泉镇、花牛镇，南连齐寿镇，西邻平南镇，北靠太京镇、玉泉镇。面积 222.8km^2，总人口 42350 人（2017）。全镇总面积 222.8km^2。该镇发展产业至今以苹果为主，天水市园艺站（现市果树研究所）就在该镇的下寨子村，所以该镇的林果业起步最早，天水最大的甜樱桃树就在果树所内，该镇以苹果为主的各种果园达 18500 亩，成为秦州区果品生产主要产区。

该镇共有古树名木 143 株。

西南皂郊镇地貌

(一)渗金山

位于秦州区皂郊镇下寨子村，天水市果树研究所东侧与渗金山生态园相连。以渗金山为名建有“天水渗金山省级森林公园”，相邻的渗金山生态园是一家集酒店、餐饮、休闲、观光为一体的生态场所。渗金寺院前、院后各分布一古柏群和一古槐群。

1.古柏群。生长在寺前院外，共有 8 株，平均树高 15m，平均胸围 150cm，平均树龄约 200 年。

渗金寺前古柏

2.古槐群,生长在庙宇后崖边,共有 4 株,平均树高 12m,平均胸围 260cm,平均树龄 400 年。

庙宇后崖边古槐

庙宇后崖边古槐

(二)吉家河

1.古槐群

吉家河在慕水沟流域,距沟口(6913 铁塔厂)2.0km,海拔 1400m,坡度 40°,坡向西南,大小 3 株古槐形成的古树群分布在本村山神庙前后,平均树高 12m,平均胸围 150cm,平均树龄 300 年。

山神庙古槐(最大株)

2.崖槐群，生长在庄边崖头，共有 8 株，平均树高 10m，平均胸围 150cm，平均树龄 200 年。

庄边崖头古槐

(三)老湾里后郎庙

1.侧柏群:该古树群位于天水市秦州区皂郊镇老湾里村的后郎庙外南崖边,海拔 1870m,距皂郊镇 15km,树种为侧柏,共有 6 株,平均树高 12m,平均胸围 300cm,由于山高风大,土层浅,且贫瘠古柏生长缓慢,树龄约 800 年。

后郎庙也称照阳寺、朝阳观,因山体较高,因早晨最先见到日出而得名,后郎庙建在架牛山的最高处,坐西朝东,南、北、西三面为悬崖,只有一条从东面通向庙宇的小路,古树除一株在路边,其余 5 株生长在北坡南崖边,苍劲挺拔,像一排守护神立在那里,周边几十里外远方都能看见,为周边人们辨别位置方向的参照物。

后郎庙侧柏(后崖边)

后郎庙侧柏

远眺后郎庙

2.木梨(编号134号),生长在文昌庙前,树龄350年,树高15m,胸围240cm,冠幅9m。

文昌庙前木梨

（四）贾家寺村涌泉寺

涌泉寺在皂郊镇贾家寺村，位于秦州城区以南 8km 处，赤峪河畔，圣金山角，始建于隋末唐初，由于寺前有一水眼名曰涌泉，其水清冽甘甜，饮之可健身，故称涌泉寺。坐西朝东，古柏群分布在正院和侧院中，共 5 株，平均树高 18m，平均胸围 300cm，平均树龄约 450 年。在寺庙后崖边还生长 3 株崖槐，也很独特。

涌泉寺大门

涌泉寺古柏(旧照)

挺拔的侧柏和后崖的崖槐

涌泉寺古柏

(五)新洞寺

新洞寺坐落在皂郊镇东沟村,距秦州城区18km,与小陇山麦积林场、太阳山工区紧邻。占地面积100亩左右,依山而建,坐北朝南,从上到下分布。相传始建于隋唐,原寺建于太阳山山巅,因上下山不便,便于明德四年移至山下,现寺院有百年以上的古树共计16株。

新洞寺后沟主峰为太阳山,太阳山为麦积区林场范围,主峰海拔2059m,与火焰山为南北走向,是南沟河东侧诸小支流及永川河的分水岭,是东沟与石沟里分水岭,向北依次为卧牛山、鸡古塄坎,东为慧音山、水家沟、龙王沟分水岭,为天水市城区南山的主峰。

1.白榆古树群:6 株,平均树高 22m,平均胸围 280cm,平均树龄 200 年。

新洞寺古树群远景

新洞寺门口白榆

2.刺叶栎(*Quercus spinosa*),别名:铁匠树、铁抱子、铁橡树、刺青冈等,为壳斗科栎属的植物,常绿灌木或乔木,叶面皱褶不平,叶片倒卵形、椭圆形,叶缘有刺状锯齿或全缘,中脉“之”字形曲折,雄花序轴被疏毛,木材是优质的推刨材料。该刺叶栎,生长在上山门台阶左侧。树高 8m,胸围 150cm,冠幅 6m,树龄 200 年。

新洞寺门口刺叶栎

3.三角枫，也称三角槭(*Acer buergerianum Mig*)，无患子目、槭树科、叶三角卵形，裂片全缘，呈凹缺全毛尖，翅果黄褐色，呈锐角或近直立。该三角枫生长在寺山门口东侧，年龄200年，树高25m，胸围250cm，冠幅19m。

新洞寺门口三角枫

4.侧柏(编号 415 号),生长在主院西侧,树高 8m,胸围 245cm,冠幅 8m,树龄 300 年。

新洞寺院内侧柏

5.侧柏(编号 418 号),生长在寺最高处院内,树龄 250 年,树高 15m,胸围 240cm,冠幅 10m。

新洞寺最处院内侧柏

6.侧柏(编号407号),生长在山门进院的东侧,在1.5m处分生两枝,北枝直立,南枝倾斜。树龄500年,树高22m,胸围400cm,冠幅13m。

新洞寺院内侧柏主干

新洞寺院内侧柏

(六)东沟村

核桃群分布在东沟村对面山坡(南山)梯田地,最早为成片核桃林,约200株以上。后因人为破坏,现仅存3株。2018年由省农科院组织调查列入甘肃省经济林古树档案。

平均树高12m,平均胸围350cm,平均树龄300年。都为个人所有,该核桃为天水老品种,是皂郊、兴隆区域乃至秦州当时优良的上等干果之一,当时天水民间有个说法就是:“元龙的花椒,伯阳的桃,甘泉的核桃最好了”。

当然秦州核桃主要分布在皂郊。该核桃品种比近年发展的新品种更加纯香可口,为秦州区的优良品种,应加大资源保护和繁殖推广。核桃也是天水人过中秋节的必备食品之一,还有就是苹果、石榴、月饼等。

东沟村对面山坡核桃

核桃主干

(七)林口村

刺叶栎(编号 330 号),生长在庄背后山顶,树龄 450 年,树高 22m,胸围 270cm,冠幅 18m。

庄背后山顶刺叶栎

(八)王家店村

该村他子阴山国槐,小地名当庄路旁,树龄 135 年,树高 15m,胸围 630cm,冠幅 15m。

他子阴山国槐全景

(九)皂郊村

1.皂郊中心小学院内的两株龙爪槐(编号 56、57 号),据说是本村清末的一个商户从山西经商时带来的小苗栽植而来,年龄约为 200 年,地围在 150cm,冠幅 6m,树高 4m,院中一左一右,呈二龙戏珠之态,能与南郭寺的龙爪槐相媲美。

皂郊小学院内龙爪槐

2.古槐(编号98号),生长在上街赵呵呵家门口,该国槐树从基部分生两大枝呈东西倾斜生长,西枝在2m处又分两枝,东枝在0.8m处又分南北两枝,呈丛生放射型生长,像一把巨大的伞形,立在皂郊上街,为皂郊村的镇村之树。树龄500年,一级古树,树高20m,地围500cm,冠幅20m。

赵呵呵家门口古槐

3.朴树,生长在皂郊村背后,树龄120年,三级古树,树高11m,胸围160cm,冠幅10m。

皂郊村朴树

(十)店镇村

店镇村罗乡长家附近国槐,树龄约 250 年,树高 13m,胸围 280cm,冠幅 8m。

店镇村罗乡长家附近的国槐

（十一）冯家坪村

国槐（编号 339 号），生长在村中央路旁，小地名为大槐树下，三面为巷道路，砌树池建立围栏保护，树龄 500 年，一级古树，树高 18m，胸围 325cm，冠幅 19m。

村庄路旁国槐

（十二）谢家庄

1.国槐（编号 348 号），生长在本村的当庄，小地名碾子下，树龄 650 年，一级古树，树高 20m，胸围 360cm，冠幅 15m。

当庄国槐

2.国槐,生长在家神庙旁,树龄 500 年,一级古树,树高 14m,胸围 305cm,冠幅 17m。该树树冠中有一枝长成圆圈状,好是一轮明月挂在树上。

家神庙旁国槐

3.国槐(编号 347 号),生长在本村的 18 号院外路边,树龄 300 年,二级古树,树高 13m,胸围 305m,冠幅 12m。

该树生长地最早有一庙宇,现已成耕地,无建筑,只有这棵挺拔的古槐记载着历史,守望着一代一代的人们。该树裸露的根系组合在一起,坚韧地支撑着树干,默默无闻地发挥着自己的作用。

18 号院外国槐

国槐根

（十三）闫家庄

国槐（编号 269 号），生长在家神庙院内，树龄 1000 年，一级古树，树高 15m，胸围 515cm，冠幅 14m。由于前些年新建寺庙时距树过近，挖地基伤到了树根，故对树木生长造成影响，树势较弱，少部分枝梢出现干枯，2022 年春季对其支撑钢架，并进行枯枝修剪，消除安全隐患，同时进行了施肥、杀虫、通气等复壮措施。

家神庙院内国槐

（十四）水泉村

1.侧柏（编号376号），生长在九龙山庙院内，树龄350年，二级古树，树高11m，胸围192cm，冠幅7m。

九龙山庙院内侧柏

2.国槐(编号 349 号),生长在本村,小地名为上台子,树龄 1000 年,一级古树,树高 23m,胸围 510cm,冠幅 20m。

上台子国槐

国槐根

3.国槐(编号338号),生长在水泉梁王小红家房背后的路边,树龄650年,一级古树,树高26m,胸围335cm,冠幅21m。

王小红家房背后国槐

(十五)峡门村

峡门村是由于该村的南北方向的两座山体距离很近,而上下都比较开阔,形成了一个天然的石峡门,故称峡门村,加之是石山,故兴修水库十分便利。至今留有峡门水库坝体。

1.国槐(编号 138 号),生长在峡门小学院北墙角,树龄 400 年,二级古树,树高 18m,胸围 343cm,冠幅 15m。

峡门小学院北国槐

王忠义家门口皂荚

2.皂荚树(编号 139 号),生长在峡门村王忠义家门口,树龄 200 年,为三级古树,树高 14m,胸围 195cm,冠幅 15m。呈伞形。

3.国槐(编号 141 号),生长在峡门村侯家庄侯德文家房屋后,树龄 300 年,二级古树,树高 20m,胸围 340cm,冠幅 12m。

侯德文家房屋后国槐

4.栾树(拉丁名:*Koelreuteriapaniculata*)。栾树群:无患子科、栾树属,为落叶乔木或灌木,树皮厚,灰褐色,老时纵裂,叶丛生于当年生枝上,平展,二回羽状复叶,伞状圆锥花序,淡黄色,蒴果圆锥形,具 3 棱,果瓣卵形,形似灯笼,秋季呈红黄色,故也称灯笼树。

该栾树群生长在该村崖边,4 株,平均树龄 100 年,平均树高 12m,平均胸围 100cm。

崖边栾树

崖边栾树

(十六)何家庄

1.楸树(学名:*Catalpabungei*),是紫葳科、梓属植物,落叶乔木。楸树群,生长在米家坟院,12 株,平均树龄 100 年,平均树高 15m,平均胸围 125cm,郁闭度 0.8。

米家坟院楸树(部分)

米家坟院楸树(全景)

2.枣树(拉丁名:*Zizyphus jujuba*)鼠李科、枣属,落叶乔木。枣树群生长在山神庙前,共 10 株,平均树龄 100 年,平均树高 6m,平均胸围 90cm。

山神庙前枣树

(十七)赵家湾

1.国槐(编号 307 号),小地名为大槐树下，树龄 200 年，三级古树，树高 16m,胸围 162cm,冠幅 10m。

大槐树下国槐

2.越家湾国槐群,生长在山神庙前,共 3 株，平均树龄 100 年，平均树高 15m,平均胸围 150cm。

山神庙前国槐

(十八)核桃湾

古槐(编号 313 号),生长在张新有屋前,树龄 800 年,一级古树,树高 24m,胸围 540cm,冠幅 24m。

夏季张新有屋前古槐

冬季张新有屋前古槐

(十九)田家新庄

1.国槐(编号 106 号),生长在老泉下,田成全家后院,树龄 400 年,二级古树,树高 11m,胸围 300cm,冠幅 11m。树主干已一半空心,2022 年进行了处理,并修建了树池,采取了回填营养土等复壮措施。

田成全家门口国槐

田家新庄国槐

2.国槐(编号 105 号),生长在槐树下，树龄 1450 年，一级古树，树高 16m,胸围 700cm,冠幅 8m。树主干内已空，仅剩一半，由于受雷击火灾影响,现在在主干 4m 处新生分枝,该树比南郭寺将军槐要大，与藉口王家小庄隋槐、秦岭钟峪村隋槐不相上下。堪称秦州第二槐。2022 年实施了保护与复壮措施。

(二十)长坪村

国槐（编号 125 号），生长在本村家庙下,树龄 500 年,一级古树,树高 21m,胸围 350cm,冠幅 20m。

家庙国槐

(二十一)竹园

1.国槐(编号287号),生长在竹园场边(崖头),树龄450年,二级古树,树高14m,胸围380cm,冠幅12m。

竹园场边国槐

竹园槐树主干

2.古梨群,共3株,小地名梁头,年龄300年。

竹园木梨群远景

竹园古梨群最大株

（二十二）下蒋村

朴树（编号 365 号），生长在家庙背后的麦场边，树龄 200 年，三级古树，树高 12m，胸围 190cm，冠幅 8m。

家庙背后朴树

（二十三）榆林火麦地

国槐（编号 137 号），生长在火麦地家庙墙外东侧，小地名为沟边电磨院。树龄 400 年，二级古树，树高 15m，胸围 330cm，冠幅 16m。

沟边电磨院国槐

(二十四)刘家沟

国槐(编号 103 号),生长在本村村头,树龄 900 年,一级古树,树高 20m,胸围 505cm,冠幅 19m。

村头国槐

（二十五）王家山

国槐（编号 126 号），生长在王家山庄背后，树根部有一空洞能钻进去一人，里面还长一小树，树龄 1000 年，树高 20m，胸围 556cm，冠幅 20m。

王家山庄背后国槐

七、平 南 镇

平南镇位于秦州区西南部，东接齐寿镇、娘娘坝镇，南连大门镇，西与天水镇、华岐镇接壤，北与店镇乡、皂郊镇毗邻，距秦州区33km。境内地势起伏，其走向东西高，南北较平缓。为西汉水上游。

全镇总面积92km²，有耕地面积59200亩，森林面积3759亩。

该镇共有古树名木27株。

（一）云雾山

云雾山是秦州区南路名山。云雾山，又名官屯岭，民间叫转音为“关屯明”，最近处有个村庄叫关同村，位于平南镇西北约6km处，庙始建于元泰定年间，征代军人陈永寿发起兴建。后经地方多次修缮扩建，形成宏大的道教庙宇群。现在仅存2株古柏和一元代古碑。

2株百年古柏生长在圣母院，平均年龄100年，平均树高8m，平均胸围120cm。

云雾山院内

(二)大柳树村

柳树(编号 65 号)生长在财神庙后,树龄 300 年,二级古树,树高 22m,胸围380cm,冠幅 21m。

财神庙后柳树

（三）王坡村

圆柏（编号 63 号），又叫桧柏，柏科，常绿乔木，与侧柏差别是圆柏既有鳞片叶又有刺状叶。生长在柏树坟，树龄 500 年，一级古树，树高 20m，胸围 270cm，冠幅 15m。

柏树坟圆柏（旧照）

柏树坟圆柏

（四）松林村

侧柏（编号 157 号），生长在柏树崖，早先这里曾为庙宇，现已无建筑物，只有该古柏守护在这里。树龄 800 年，一级古树，树高 9m，胸围 265cm，冠幅 10m。该树生长在崖边，已完成修护坡保护工程。

侧柏主干

柏树崖侧柏

(五)秀金山

侧柏(编号 66 号),生长在秀金山山腰的刘家沟村。树龄 800 年,一级古树,树高 15m,胸围 340cm,冠幅 12m。

秀金山侧柏(旧照)

秀金山侧柏

八、天 水 镇

古属西犬丘、西垂宫、西县，三国古战场。中华人民共和国成立后为天水县第二区，下设天水、华岐、海池等 7 乡。

天水镇位于天水市秦州区西南部，西汉水上游，东接平南镇，南连汪川镇、大门乡，北与华岐乡接壤，西与礼县盐关镇毗邻，距秦州区 50km。

天水镇全貌

全镇总面积 91km²,其中耕地面积 58400 亩,森林面积 3674 亩。该镇川区面积大,水资源较为丰富,有着发展农业的条件和优势,秦州区在天水镇川区建立了农业综合开发区。

该镇共有古树名木 20 株。

(一)龙头寺村

龙头寺坐落于天水镇龙头寺村西侧的瓜蔓山麓,由于该山像条龙,该寺建在龙头上,故为龙头寺,始建年代不详。

1.国槐(编号 93 号)生长在龙头寺山门口东(右),树龄 800 年,一级古树,树高 18m,胸围 490cm,冠幅 16m。

2.国槐(编号 345 号)生长在龙头寺山门口西(左),树龄 800 年,一级古树,树高 20m,胸围 510cm,冠幅 24m。

龙头寺国槐(初春)

龙头寺国槐近景

龙头寺国槐(初夏)

3.侧柏(编号 357 号),生长在麦场正中,树龄 300 年,二级古树,树高 10m,胸围 175cm,冠幅 10m。

龙头寺村麦场正中侧柏

（二）青龙观

位于天水镇石滩村背后的山崖上，基本与庙坪村的高皇庙相对，晚清时建，观内有一株近百年古柏，挺拔健壮，树高 12m，地围 190cm，树龄 100 年。

青龙观通道侧柏

（三）上游村

1.侧柏(编号95号),生长在上游村青龙山明音寺庙前,树龄300年,二级古树,树高18m,胸围140cm,冠幅11m。

2.侧柏(编号419号),生长在上游村青龙山明音寺,树龄300年,二级古树,树高14m,胸围120cm,冠幅7m。

3.侧柏(编号91号),生长在上游村,树龄800年,一级古树,树高20m,地围290cm,冠幅13m。

明音寺庙前侧柏

(四)庙坪村

侧柏(编号352号),生长在高皇庙,共有3株,最大株树龄400年,二级古树,树高22m,胸围156cm,冠幅9m。其余2株(编号369号、356号)较小,平均年龄200年。

高皇庙院内侧柏

(五)槐花寺

位于天水镇天水村下街，始建于唐，重修于清，四合院式，坐北向南，寺院内现有两株古槐树，由于寺庙中有两棵大槐树，每年春季，古槐绽蕾，银花满枝，故名槐花寺。

槐花寺大门

1.国槐(编号90号),生长在槐花寺,树龄400年,二级古树,树高20m,胸围300cm,冠幅9m。

2.国槐(编号92号),生长在槐花寺,树龄400年,二级古树,树高19m,胸围320cm,冠幅8m。

槐花寺院内国槐

（六）双闫村

1.国槐（编号 337 号），生长在山神庙前，树龄 300 年，二级古树，树高 20m，胸围 240cm，冠幅 16m。

山神庙国槐

2.国槐(编号96号),生长在村路边,树龄300年,二级古树,树高22m,胸围235cm,冠幅14m。

村路口国槐

九、华 岐 镇

华岐镇因境内华岐山而得名，明代前为成县青石里。

华岐镇位于秦州区境南部，距市区 47.5km。华岐主要山脉有祝音山见干岭梁，长江黄河西流域分水岭，尖山向东南，刘家河与稠泥河分水岭，宋家村为姚宋的一个自然村。

华岐镇共有古树 14 株。

(一)园洞寺

园洞寺坐落于华岐镇姚宋村，宋家村村头。园洞寺由于庙山后有一洞而得名，寺庙周围院落共存有古侧柏 5 株（其中一株干枯），形成一个古柏群。

1.侧柏(编号 382 号)，生长在园洞寺大门口，树龄 300 年，二级古树，树高 11m，胸围 170cm，冠幅 8m。

2.侧柏(编号 399 号)，生长在园洞寺正门口，树龄 300 年，二级古树，树高 12m，胸围 152cm，冠幅 10m。

园洞寺大门口侧柏

3.侧柏（编号 397 号），生长在园洞寺内，树龄 200 年，三级古树，树高 13m，胸围 122cm，冠幅 5m。

园洞寺内侧柏

4.侧柏（编号 363 号）生长在崖台上，由于土壤含水量少，生长较为缓慢，树龄 200 年，三级古树，树高 6m，胸围 100cm，冠幅 4m。

崖台上侧柏

（二）范山村

该村因交通不便，生存环境条件较差，但现在华皂公路的开通大大改善了以往的生活条件。该村曾设立过集市，为周边李集、谢家山、店镇、潘集寨、罗李等村村民赶集交易之地。

1.侧柏（编号466号），生长在范山菩萨庙，树龄300年，二级古树，树高8m，胸围135cm，冠幅6m。

菩萨庙侧柏

2.木梨群分布在村背后的山梁上，共 4 株。最大株树龄为 400 年，二级古树，树高 12m，胸围 280cm，冠幅 8m。其他 3 株，平均树龄 200 年，平均树高 10m，平均胸围 190cm，平均冠幅 6m。

农路边木梨

山头木梨

（三）谢家山

侧柏（编号 420 号），生长在谢家山家神庙旧址，树龄 350 年，二级古树，树高 12m，胸围 195cm，冠幅 13m。

谢家山家神庙旧址侧柏

十、秦 岭 镇

秦岭，是天水小秦岭，因地处秦岭山脉西麓，为长江、黄河两大流域的分水岭而得名。全乡总面积75km²，有耕地面积44200亩，森林面积9488亩。秦岭镇位于秦州区西南部、秦岭山脉西麓，东接牡丹镇，西与杨家寺乡接壤，南邻礼县红河乡，北与藉口镇、铁炉乡毗邻，距州区40km。

秦岭镇人杰地灵，具有丰厚的文化底蕴和文化资源。有分水阁（脊水分江河），非物质文化遗产"鞭杆舞"，历史名人任其昌等。其中鞭杆舞，演出实况曾多次在中央、省、市等电视台播出，并在2006年参加了中国天水伏羲文化旅游节非物质文化遗产邀请演出，获得了优秀表演奖。同时还有马社火、黑社火、秦腔等多种民间文化活动，内容丰富多彩，表演形式灵活多样。

镇政府所在地关家店东南有一自然村叫关砚，三国时期前该处叫分水岭，砚台地建有一庙宇叫分水阁，其前檐水流向稠泥河（稠泥河之前为资水），入西汉水分支，流入长江；后檐水经分水岭向东北方向流入藉河，再到渭河归入黄河，故该庙称分水阁。该分水阁边有个村庄原名叫分水岭，曾在蜀魏交战之时，关兴率兵北伐魏时，遇到天黑又下小雨，就让士兵在此村过夜，关兴军纪严明，不让士兵入户干扰百姓，均在房檐下和树底下过夜，第二天老百姓才得知昨夜不入户休息的士兵为关羽之子关兴的部队，都很感激和敬仰，为了纪念关家兵从此就把这里改名为"关家店"。该名延用至今。

该镇共有古树名木29株。

学者在分水阁讲解关家店历史

(一)郭家沟村

该村郭家与梨树坡的郭家同祖,郭家是秦州的四大农家之一,其他三家分别是杨家寺的苏家、中梁唐家河的唐家、平南镇苏家湾的许家。

木梨(编号120号),生长在郭家沟山神庙前,树龄1000年,一级古树,树高20m,胸围500cm,冠幅20m。

山神庙前木梨

郭家沟木梨主干

(二)董集寨

臭椿(*Ailantgus altissima swingle*),苦木科、臭椿属,落叶乔木,树皮平滑而有直纹,叶为奇数羽状复叶,圆锥花序,翅果长椭圆形,秋季红黄色果枝十分鲜艳,嫩叶紫红色,是良好的观赏树种。该株臭椿生长在会龙山庙院内,树龄300年,二级古树,树高23m,胸围350cm,冠幅15m。

会龙山庙院内臭椿

（三）黄集寨

黄集寨位于耤河南岸支流石沟河的上游，距秦岭镇 4km，是全镇最大的村庄，有三百多户人家，以赵、陈姓居多，该村东北为麒麟山环绕，俗称爷山，最高峰 1875m。

圆柏（编号 33 号），生长在麒麟山庙院内，树龄约 1500 年，由于该树既有鳞叶，向阳面多，又有刺叶，阴面多些，故称“阴阳柏”。主干 2m 处分 13 主枝，呈放射形展开。一级古树，树高 20m，胸围415cm，冠幅 19m。

麒麟山庙院内圆柏

（四）麻山头

木梨（编号 35 号），生长在麻山头村梁顶，树龄 400 年，二级古树，树高 12m，胸围 320cm，冠幅 16m。该树位于山梁顶，曾受雷击劈伤。

麻山头梁顶木梨

(五)石家河

1.国槐(编号 624 号),生长在南安门口,树龄 220 年,三级古树,树高 20m,胸围 200cm,冠幅 6m。

南安门口国槐

2.白杜(编号 227 号),卫矛科,也称丝棉木,小乔木,树龄 200 年,三级古树,树高 24m,胸围 75cm,冠幅 6m。

石家河白杜

（六）胡家山

楸树（编号 228 号），生长在胡家山上坟园，树龄 350 年，二级古树，树高 18m，胸围 280cm，冠幅 4m。树主干分生两大主枝，呈东西方向生长，尽管立地条件较差，但生长较旺盛。

该村村头一株木梨也已挂牌保护。

胡家山坟园楸树

园树梁木梨

（七）蒿坪子村

木梨（编号 212 号），生长在园树梁，秦杨公路边上的山顶，树龄 600 年，一级古树，树高 15m，胸围 380cm，冠幅 5m。

（八）中峪村

国槐（编号726号），生长在中峪村村后山坡处，变压器旁，树龄1300年，一级古树，为隋槐，树高18m，胸围650cm，冠幅14m。

村庄背后山坡国槐

（九）白集寨

1.木梨群，共3株，生长在该村东梁台，平均树龄300年，平均树高8m，平均胸围260cm。

村东梁台木梨

东梁台木梨

2.侧柏(编号789号),生长在村广场北台子上,树龄200年,三级古树,树高12m,胸围180cm,冠幅9m。

广场北台子侧柏

十一、牡 丹 镇

牡丹镇位于秦州区西南部，东接店镇乡，南邻华岐乡，西与秦岭乡、礼县马河乡接壤，北与藉口镇、太京镇毗邻。境内地势起伏较大，其走向东北高、西南低。距秦州城区 33km。

传说在今尖山（宝峰山）下有一村子叫牡丹村，村中有一白音寺，院内有牡丹花盛开远近闻名，牡丹镇由此而得名，因土壤、气候的原因，民间至今有栽植牡丹的习惯，且不乏名贵品种。

尖山寺由于建在山尖之上故称尖山，所建寺为宝峰山尖山寺，海拔 2025m，坐落于牡丹镇辛家山村，民间有“尖山离天一钱”之说。

牡丹镇沿稠泥河中下游的一险要之地称为“木门道”，木门是由于这里曾树木资源丰富，是水运木头的起运点（小码头），故称为木门，三国时期诸葛亮二次北伐时在此射杀曹魏大将张部，与天水镇的天水关、铁堂峡，皂郊镇的曹操堡，长坂坡等都是三国文化遗址。

该镇共有古树名木 65 株。

（一）牡丹村

1.旱柳，生长在镇政府门口，树龄 200 年，二级古树，树高 20m，胸围 450cm，冠幅 18m。

镇政府门口旱柳

（二）大柳树村

大柳树村位于距镇政府 5km 的稠泥河畔。古白榆树（编号 806 号）生长在该村大巷道刘建书家门口，树龄 300 年，二级古树，树高 15m，胸围 530cm，冠幅 12m。

刘建书家门口白榆

（三）篆嘴村

国槐（编号730号），生长在篆嘴村崖边，树龄500年，一级古树，树高18m，胸围340cm，冠幅14m。

篆嘴村崖边国槐

(四)王寨村

白榆(编号 845 号),生长在山神庙,树龄 300 年,二级古树,树高 6m,胸围 300cm,冠幅 6m。该树长势一般,主干有部分腐朽。另有一株侧柏和卫矛也属古树名木。

白榆主干

山神庙白榆

（五）辛家沟

木梨群，生长在场边和山神庙旁，共 3 株，平均树龄 300 年，二级古树，树高 16m，胸围 320cm，冠幅 17m。

场边木梨

山神庙木梨

(六)邓家门村

据考证该村是邓宝珊的祖籍。邓宝珊(1894—1968)甘肃天水人,曾任国防委员会委员,甘肃省人民政府主席,全国第一届政协委员,第一、二、三届全国人大代表,第三、四届民革中央副主席、全国政协常委。南郭寺边修建有爱国主义教育基地“邓宝珊纪念馆”。该村的交通要道立有一块刻有“邓宝珊故居”的大石碑。

1.侧柏(编号753号),生长在山神庙,树龄150年,三级古树,树高6m,胸围115cm,冠幅5m。

山神庙侧柏

2.侧柏(编号754号),生长在崖咀,干旱迎风,生长缓慢。

崖咀侧柏

（七）吴集寨村

1.千枝柏（编号 798 号），生长在凤头山泰山庙院内西侧，树龄 300 年，二级古树，树高 7m，胸围 180cm，冠幅 6m。

泰山庙西千枝柏

2.千枝柏（编号 755 号），生长在凤头山泰山庙院内东侧，树龄 300 年，二级古树，树高 7m，胸围 170cm，冠幅 6m。

（八）任家堡村

1.国槐（编号 793 号），生长在下庄里伍亮亮家门口，树龄 400 年，二级古树，树高 18m，胸围 290cm，冠幅 20m。

伍亮亮家门口国槐

国槐主干打生长棱，用年轮推算树龄

2.木梨群，生长在金龙山上，3 株，平均树龄 200 年，平均树高 11m，平均胸围 200cm。

金龙山木梨

伍亮亮家门口国槐

金龙山木梨远景

(九)王家大山村

在牡丹镇区东北9km处，主峰海拔2033m，为稠泥河与普岔沟分水岭。该村有2株百年木梨树，均生长在村后梁头。

1.木梨(编号669号)，生长在梨树坪，树龄200年，三级古树，树高12m，胸围170cm，冠幅9m。

梨树坪木梨

2.木梨(编号 683 号),生长在场嘴头,树龄 200 年,三级古树,树高 10m,胸围 200m,冠幅 8m。

场嘴头木梨

（十）杜白村

1.木梨（编号 850 号），生长在山神庙院内西，树龄 300 年，二级古树，树高 12m，胸围 220cm，冠幅 8m。

山神庙院内西木梨

2.侧柏（编号 882 号），生长在杜新山神庙东，树龄 300 年，二级古树，树高 8m，胸围 190cm，冠幅 11m。

3.木梨，生长在白家湾李家坡西，树龄 150 年，高 8m，胸围 110cm。

白家湾李家坡木梨

山神庙东侧柏

（十一）缑家沟村

古柏群，共4株。生长在山神庙四周，平均树高15m，平均胸围175cm，平均冠幅7m，平均树龄400年，生长旺盛。

山神庙古柏

（十二）李官湾村

白杜（编号812号），卫矛科，也称丝棉木，生长在李官湾村山神庙旁，树龄300年，二级古树，树高8m，胸围280cm，冠幅7m。

山神庙白杜

白杜主干

(十三)张家寨子

万家坟园古柏群,该古柏群坐落于高磨村与张家寨子村的半道,共有 13 株,平均树高 10m,平均胸围 120cm,平均树龄 150 年。

万家坟园古柏

万家坟园古柏群

十二、杨家寺镇

杨家寺乡位于秦州区西部，东接秦岭乡，南邻礼县红河乡，西与礼县固城乡接壤，北与铁炉乡毗邻，距州区 50km。全镇总面积 122km^2，有耕地面积 49400 亩，森林面积 15800 亩。稍源林场汤家山工区、大庄草原均在该镇范围。

该镇共有古树名木 72 株。

杨家寺窝窝梨

（一）杨家寺窝窝梨果树群

窝窝梨是杨家寺的特有品种，是在木梨树上嫁接的红霞系梨，口味香甜，耐贮存，生长分布在立志、田家庄、马河湾等村，平均树龄150年，为果木古树，平均树高14m，平均胸围160cm，平均冠幅11m。株数达20株。

杨家寺窝窝梨

(二)马何湾

侧柏(编号 794 号),生长在坟头起,庄背后坡上,树龄 200 年,三级古树,树高 6m,胸围 190cm,冠幅 13m。

庄背后坡上侧柏

(三)田家庄

1.木梨(编号 648 号),生长在灯笼嘴,树龄 400 年,二级古树,树高 15m,胸围 240cm,冠幅 12m。

灯笼嘴木梨

场边核桃

2.核桃(编号649号),生长在场边堡子中,树龄350年,二级古树,树高13m,胸围210cm,冠幅9m。

(四)上白村

1.国槐(编号213号),生长在白壁家房屋后,树龄200年,三级古树,树高18m,胸围160cm,冠幅7m。

白壁家房屋后国槐

(五)杨家寺村

1.侧柏(编号41号),生长在中心小学后面,小地名寺平台,这里早先是庙宇,现无建筑,只有2棵侧柏,其中1株已死亡。存活株树龄500年,一级古树,树高16m,胸围280cm,冠幅11m。

中心小学后侧柏

中心小学院内栓翅卫矛

2. 栓翅卫矛(学名:*Euonymus phellomanus* *Loes.*),卫矛科、卫矛属,也称鬼剑羽、鬼剑愁,灌木,高3~4m;枝条硬直,常具4纵列木栓厚翅,在老枝上宽可达5~6mm。与白杜同科同属,主要不同点是小枝有无木栓厚翅的差别。

栓翅卫矛花

卫矛栓翅

该栓翅卫矛(编号 37 号)是截至目前秦州区发现的最大的一株，生长在中心小学院内，树龄 200 年，三级古树，树高 6m，胸围 100cm，冠幅 5m。既是古树又是名木。

(六)新庄

1.国槐(编号 42 号)，生长在王彦军家门口，树龄 400 年，二级古树，树高 16m，胸围 310cm，冠幅 5m。

2.国槐(编号 35 号)，生长在王彦军家门口，树龄 400 年，二级古树，树高 18m，胸围 280cm，冠幅 5m。

王彦军家门口国槐

(七)赵家山

木梨，生长该村梁顶，共 2 株，平均树龄 300 年，平均树高 6m，平均胸围 210cm。

梁顶木梨

(八)菜子湾村

木梨(编号654号),生长在庄门口,树龄300年,二级古树,树高15m,胸围280cm,冠幅14m。

庄门口木梨

(九)跃子崖

木梨(编号 655 号),生长在赵家咀,树龄 300 年,二级古树,树高 10m,胸围 240cm,冠幅 7m。

赵家咀木梨

(十)北具湾

国槐(编号723号),生长在杨铁公路边,小地名大槐树下,树龄450年,二级古树,树高18m,胸围360cm,冠幅18m。2018年对该树进行了复壮和砌护坡保护。

杨铁公路边国槐

（十一）郑宋村

国槐（编号 715 号），生长在苏博家门口，小路东南，树龄 400 年，二级古树，树高 22m，胸围 360cm，冠幅 19m。

苏博家门口国槐

(十二)麦湾村

1.木梨(编号884号),生长在山神庙后,树龄300年,二级古树,树高9m,胸围250cm,冠幅11m。

山神庙后木梨

2.野李子(拉丁名*Prunus*)(编号805号),是蔷薇科植物李树的果实,又名叫嘉庆子。为名木,树龄150年,二级古树,树高7m,胸围120cm,冠幅8m。

野李子树

十三、汪 川 镇

汪川镇以姓氏（由于该村以汪氏姓为主）和地理位置（川区）而得名，明清时为成县上店里，民国时划归为徽县汪川镇，中华人民共和国成立后归天水县辖区，2005年，撤乡并镇时将当时的苏城乡（以苏城、成河两村首字而得名，与徽县麻沿相连）划归到天水市秦州区汪川镇。

汪川镇位于秦州区西南部，东靠大门乡、娘娘坝镇，南邻徽县麻沿乡，西与礼县宽川、白关村相连，北与天水镇毗邻，距州区72km。地势东高两低，形成一条狭长河谷地带。

全镇总面积108km²，有耕地面积64800亩。汪川镇每逢农历三、六、九为农贸集市日，上市商品以禽蛋、日杂、百货、水果蔬菜为主，规模较大。

汪川镇境内的十二连城为南宋绍兴十一年（1141年）宣抚司吴麟（1102—1167）收复秦州后修建，为抵御金兵入侵南下，依白龙山地形筑起了十二座连环城堡作防。由白堡山脚起至礼县宽川乡廖寨村，长约15km，各城沿山而建，其间均有一定距离，三四城属秦州区，城恒残高1~3m，其形如凤飞，故名凤凰山，十二连城与皇城、小皇城、上城堡相互对峙，前后呼应，成一体系，横跨凤凰山东西两侧山腰，城堡连绵，蜿蜒迂回，称“连城跨凤”，十二连城最前者为隍城，自礼县宽川、秦州汪川各小河一起流向隍城前汇合，将隍城围于中间，所以有“水包隍城或一十二道连城”之称。

该镇共有古树名木31株。

(一)万家庄

侧柏群,3 株,生长在家庙前公路边,平均树龄 260 年,三级古树,平均树高 10m,平均胸围 160cm,平均冠幅 9m。

家庙大门口侧柏

家庙大门口侧柏

(二)大吕村

圆柏(编号 378 号),生长在铁炉湾梁头,树龄 500 年,一级古树,树高 22m,胸围 265cm,冠幅19m。

铁炉湾梁头圆柏

(三)柏阳村

圆柏(编号469号),生长在小学门口,树龄600年,一级古树,树高19m,胸围282cm,冠幅16m。

小学门口圆柏

(四)郑山村

刺叶栎(编号426号),生长在马面坡,树龄400年,二级古树,树高15m,胸围153cm,冠幅19m。

马面坡刺叶栎

(五)闫家沟

白榆(编号627号),生长在该村路边崖头闫小亚家门口,树膛已空,以经人工填充,树龄300年,二级古树,树高6m,胸围280cm,冠幅8m。

闫小亚家门口白榆

（六）柏母村

侧柏（编号 632 号），生长在村后崖头，树龄 350 年，二级古树，树高 10m，胸围 283cm，冠幅 6m。

村后崖头侧柏

(七)黄柏村

红豆杉(编号 629 号),生长在温陈自然村的康山,树龄 2000 年,一级古树,树高 25m,地围 502cm,冠幅 14m。

康山红豆杉

红豆杉主干

（八）汪川村

国槐（编号628号），小地名为粮站院。树高12m，胸经220cm，冠幅8m。1982年天水县人民政府曾挂牌保护（编号20）。2002年由秦城区林业局挂牌保护（编号90）。

树干通直，由于生长环境较差，枝条稀疏，生长势较弱。

粮站院国槐

（九）银河仓坪头

刺叶栎古树群：共计12株，平均年龄400年，平均树高17m，平均胸围200cm。

银河仓刺叶栎古树群

(十)成庄村

刺柏(*Juniperus formosana*),柏种、刺柏属,常绿乔木,树冠塔形或圆锥形,叶条形或条状枝针形,先端渐尖,是锐尖头,边材淡黄色,心材红褐色,为上等木材。位于苏成村的慈航寺大殿后,平均树龄 100 年,三级古树,平均树高 18m,平均胸围 90cm,平均冠幅 5m。

慈航寺大殿后刺柏

十四、大 门 镇

大门镇是明代前为文州千户守御所之屯地，清及民国时属徽县大门镇。1958 年划归天水县，与阎集、苏成合并为大门公社，1983 年改为乡，1985 年属秦城区，2005 年 1 月归秦州区管辖，2015 年撤乡改镇。

大门乡位于秦州区南部，东南接娘娘坝镇，西邻汪川、天水两镇，北与平南镇接壤。距秦州区 63km。

全乡总面积 $78km^2$，耕地面积43400 亩，森林面积 12100 亩。该乡雨量充足，土地湿润，适宜农作物生长。劳务输出及竹编生产在全乡经济中占一定比重。

大门镇，传说在明正德二年，今大门下街朝阳观下有一门，今上街李家台也有一门，故称大门。

该镇共有古树名木 6 株。

（一）关峡

龙凤寺在龙凤山下，院内 2 株侧柏。

1.侧柏（编号 411 号），生长在龙凤寺院侧，树龄 200 年，三级古树，树高 15m，胸围 136cm，冠幅 6m。

龙凤寺侧柏

2.侧柏(编号366号),生长在龙凤寺院中间,树龄150年,三级古树,树高11m,胸围133cm,冠幅6m。

龙凤寺侧柏

山神庙侧柏

3.侧柏(编号360号),生长在阴湾山神庙,树龄300年,二级古树,树高10m,胸围184cm,冠幅6m。

侧柏(编号362号),树龄120年,树高80m,冠幅5m。

4.国槐(编号256号),生长在贺家台,树龄300年,二级古树,树高25m,胸围245cm,冠幅19m。

贺家台国槐

(二)上于村

侧柏(编号 793 号),生长在柏树台,树龄 500 年,一级古树,树高 20m,一株四枝,单枝胸围 173cm,冠幅 14m。

柏树台侧柏

十五、齐 寿 镇

齐寿镇位于秦州区东南部，东靠麦积区甘泉乡，南与娘娘坝镇相连，西与平南镇接壤，北与皂郊镇毗邻，距秦州区 40km。 全乡总面积 75km^2，有耕地面积 36400 亩，森林面积 19465 亩。该乡由于雨水充足，土地湿润，适宜农作物生长。劳务输出在全乡经济中亦占一定比重，以建筑为主。

齐寿镇，以境内有“齐寿山”而得名。齐寿山古名嶓冢山，又名云台山，是黄河、长江两大水系的分水岭，海拔 1951m，北山为渭河支流赤峪河（南沟河），西山为西汉水之源，东边山诸水流入白家河为嘉陵江支流。故有民谣“齐寿山不大不小，压着三江河堖（当地把河水源头俗称河堖）”。

齐寿山地貌

齐寿镇共有古树名木 9 株。

(一)赵家山村

木梨(编号 442 号),生长在房背坡,树龄 350 年,二级古树,树高 9m,胸围 280cm,冠幅 15m。

房背坡木梨

(二)杨家山村

木梨(编号 450 号),生长在园树梁,树龄 350 年,二级古树,树高 10m,胸围 240cm,冠幅 8m。

园树梁木梨

(三)火焰村

刺叶栎(编号 485 号),生长在山神庙背后,四周全为森林。树龄 300 年,二级古树,树高 10m,胸围 190cm,冠幅 12m。

山神庙背后刺叶栎

（四）周家坪

油松（编号 621 号）（学名：*Pinus tabuliformis Carrière*），为松科，针叶常绿乔木。树皮下部灰褐色，裂成不规则鳞块，大枝平展，老树平顶，花柱形，球果卵圆形，种子连翅。油松为两针叶，华山松为五针叶，白皮松是三针叶，均为深绿色，而落叶松为浅绿色叶、簇生，这是简单辨认本地常见几种松树的办法。

生长在周家坪方神庙的油松，堪称“天水第一油松”，树龄 400 年，二级古树，树高 28m，胸围 310cm，冠幅 20m。

2018 年 8 月，天水市对该树进行了“天水第一松”的揭碑仪式。

天水第一松

病虫害机防

（五）柳沟

辽东栎（编号 412 号），生长在井房背后，壳斗科、栎属，树龄 200 年，三级古树，树高 13m，胸围 220cm，冠幅 12m。

井房背后辽东栎

(六)廖集寨

侧柏,生长在文化站院边,树龄 100 年,胸径 100cm,冠幅 7m,为三级古树。

十六、娘娘坝镇

娘娘坝镇位于秦州区南部，东接麦积区麦积乡，南邻徽县麻沿乡，西与平南镇、大门镇接壤，北于齐寿乡、麦积区甘泉乡毗邻，距秦州区43km。国道316线贯穿全镇，并有娘李、樊罗、董甘、刘大四条公路穿越全镇，交通方便。境内白家河发源于大山坝和齐寿山，流经境内，下游称曲溪。现正在兴建曲溪水库，为嘉陵江的源头。

全镇总面积221km^2，森林面积17100亩。该镇境内矿产资源较为丰富，有铝、铜、赤铁、硅矿产物。

娘娘坝曾是张辉革命烈士牺牲之地。张辉1911年1月出生于湖南省平江县，1926年即参加革命，1927年加入中国共产党，1934年随军西征。历任湘鄂独立团一营营长、副团长，十八师第54团团长等职。1936年7月，任红二方面军第六军十六师师长。1936年10月5日，张辉亲率一连队伍到达娘娘坝，然后就向牡丹山冲锋。因遭敌军伏击，在突围时张辉身负重伤，由于伤势严重光荣牺牲。在当地农民的帮助下，红军战士把张辉遗体埋葬在普华寺后山坡上。

1986年9月，在纪念红军长征50周年之际，由天水市秦州区及天水军分区党、政、军领导主持，在娘娘坝牡丹山举行了隆重的张辉烈士骨灰迁移安葬仪式。

张辉烈士的后代先后在江西吉安等地寻找多年无果。2021年5月，在天水市秦州区军人事务局和娘娘坝镇镇政府的帮助下，找到张辉烈士的后代。张辉烈士的后代与多年收集、整理张辉烈士相关资料的高维汉老人以及为张辉烈士守墓五十多年的李逢春的儿子相见。

该镇有2棵其他村镇少见的刺叶栎和红豆杉古树名木。全镇共有古树名木11株。

张辉烈士墓

(一)花园村

侧柏(编号 83 号),生长在花园村杨家庄,山神庙前,树龄 400 年,二级古树,树高 12m,胸围 310cm,冠幅 6m。

山神庙前侧柏

(二)孙集村

刺叶栎(编号 512 号),生长在学校背后的半山坡,树龄 400 年,二级古树,树高 16m,胸围 215cm,冠幅 11m。

学校背后堡子上的刺叶栎

（三）张家山

侧柏（编号 368 号），生长在山背后梁头，树龄 400 年，二级古树，树高 22m，胸围 215cm，冠幅14m。

山背后梁头侧柏

(四)马家坝

红豆杉(编号 510 号),生长在学校背后半山坡,李子林场马家坝工区办公楼斜对面,品种为中华红豆杉,为国家一级保护树种。树龄 150 年,树高 8m,胸围 160cm,冠幅 5m。

学校背后半山坡红豆杉

半山坡红豆杉

(五)马台村

刺叶栎(编号613号),生长在下马台半山坡,树龄500年,一级古树,树高12m,胸围310cm,冠幅8m。

下马台半山坡刺叶栎

（六）杜家山

刺叶栎(铁树)，生长在娘娘坝杜家山村，树龄2000年，一级古树，树高39.5m，树主干直径1.6m余，胸围590cm，冠幅20.0m。

刺叶栎叶

刺叶栎主干

杜家山刺叶栎

（七）李子普华寺

国槐，生长在普华寺大院，树龄 200 年，树高 17m，胸围 200cm。

普华寺大院国槐

(八)柳林皂荚

柳林皂荚,生长在柳林寺门口,树龄 160 年,树高 10m,胸围 230cm。

柳林皂荚

柳林皂荚

主要参考文献

1.郑万均. 中国树木志(1–4 卷). 北京:中国林业出版社，1983,1985,1997,2004

2.李宽余. 天水大辞典. 兰州:甘肃文化出版社，2020

3.天水市秦城区地方志编编纂委员会. 秦城区志. 兰州:甘肃文化出版社，2001

4.天水市秦州区地方志编编纂委员会. 秦州区志. 兰州:甘肃文化出版社，2019

5.赵昌荣. 玉泉观志. 兰州:甘肃文化出版社，2002

6.阎虎林、安培玉. 三国古战场——木门道. 北京:中国文史出版社，2004

7.万惠玉. 天水史话丛书天水古树. 兰州:甘肃文化出版社，2007

8.刘红岩. 天水古树——文化特征与生物学保护. 兰州:甘肃人民出版社，2006

9.刘红岩. 古树保护生态学研究. 兰州:兰州大学出版社，2007

10.李吉定. 南郭笔记. 北京:中国文联出版社，2012

11.安志宏. 华歧史略. 北京:中国文史出版社，2011

后　记

秦州区古树保护工作曾得到各级部门领导及专家同仁的支持与厚爱，中央电视台国际中文频道及人民日报社为春秋古柏拍摄了专题片，春秋古柏位列全国前50名古树。

天水市人大常委会为加大天水古树名木保护力度，制定出台了第一部地方性法律法规《天水市古树名木保护条例》，有力地推进了秦州区古树名木的保护工作。

秦州区委、区政府对古树名木保护高度重视，并给予经费保障，市林草局也给予了大力支持。

秦州古树名木的历次调查摸底、领导检查以及部分资料提供都受到天水市博物馆、南郭寺、玉泉观、园林处等单位干部职工的支持。

另外，区林草局干部职工及基层林业站站长、护林员、乡村干部等同志参加了古树名木部分普查及配合工作，在此也一并表示感谢。

书中如有疏漏和不足，恳请读者批评指正。

编者

2022年2月